빛깔있는 책들 203-12

여름 한복

글, 사진/뿌리깊은나무

대원사

글/유선주, 임선근(샘이깊은물 기자)
사진/강운구(샘이깊은물 사진 편집위원)
권태균(샘이깊은물 전 사진 기자)

여름 한복

여름 한복

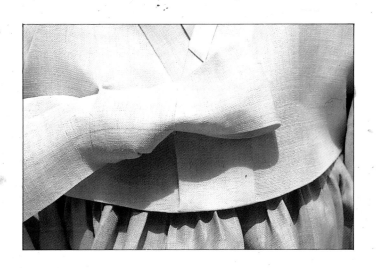

박정옥 씨의 **안동포 치마 저고리**

　"베"라고 하면 삼올이나 무명올이나 명주올로 집에서 길쌈하여 짜낸 천 모두를 일컫기도 하나 좁은 의미로는 삼이라는 식물의 속줄기 껍질로 길쌈을 하여 짜낸 천을 가리킨다.

　그 좁은 의미의 "베"에서도 안동포가 가장 이름난 천이다. 경상북도 안동군 임하면 금소동은 예부터 안동포 길쌈으로 이름이 났던 지방이다.

　안동 지방에서는 대체로 삼을 삼굿에 찐 다음에 껍질을 벗겨내어 거기에서 겉껍질을 훑어내고 속껍질만으로 "익히지 않고" 곧 "생으로" 길쌈해서 "생냉이"를 짠다. 이 검붉고 빳빳한 생냉이가, 옛날에는 집에서 잿물로 했고 요새는 안동 시내의 "상괴집"에서 양잿물로 하는 "상괴내기" 곧 익히기의 과정을 거쳐 색깔이 옅고—그리고 근래에는 치자물까지 들이고—부드러운 "익냉이"가 되니 이것이 도시 사람들이 아는 안동포이다.(다른 지방의 베 길쌈은 안동포 길쌈과는 좀 다르다. 곧, 삼올을 베틀에 올리기 전에 미리 익힌다. 안동 사람들도 더러 거친 삼을 그렇게 길쌈하기도 하는데, 그리 짠 천을—또 그 재료가 되는 거친 삼을—그곳 사람들은 "무삼"이라고 한다.)

안동포 치마 저고리를 입은 박정옥 씨

자연색으로 돌아오게 한 뒤에 지은
안동포 치마 저고리의 천을 가까이
에서 찍었다.

안동의 부인들에게는 주로 매듭
단추를 단 적삼을 해 입는 게 보편
스러운 안동포 저고리 풍습이고
고름을 달 때에도 흰 광목이나
무명으로 해 단다고 하나 박정옥
씨는 제천으로 고름을 달았다.

치마 저고리를 지은 안동포로 치마
말기를 달았다. 전통에 따르면 명주
치마에는 흰 무명으로 말기를 달고
물 안 들인 소색의 자연 섬유로
지은 치마에는 제천으로 말기를
단다.

박정옥 씨는 서울에서 산 치자물이
든 안동포를 미리 빨아 자연색이
돌아오게 한 뒤에 옷을 지어서
그 빛깔의 독특한 아름다움을 살렸
다.

풀을 먹이고 날올과 씨올이 똑바로
만나도록 잘 잡아당겨 다린 곧
"쟁친" 천으로 지었기에 그렇게
공을 들인 만큼 이 치마 저고리는
뒤에서 바라보아도 옷태가 빼어나
다.

안동포로 지은 치마 저고리는 그 올이 보기 좋을 만큼 거칠어
살갗에 닿는 느낌도 쾌적하고 속살이 훤히 비칠 염려도 없다.

요즈음에 바라보기로는, 생냉이는 생냉이대로 익냉이는 익냉이대로 아름답기 그지없다. 그러나 생냉이는 너무 빳빳하여 무더운 여름철이 아니면 쉬 부러지고 색깔이 너무 거무튀튀하다고 느꼈기 때문인지는 몰라도 전통적으로 생냉이를 그대로 사용하여 옷을 지어 입지는 않았다.

다만 요새 자연 섬유의 빛깔을 탐하는 도시 사람들중에 더러 생냉이로 옷을 지어 입는 사람도 생겼다.

익냉이는 치자물 들이지 않은 상태에서 훨씬 더 아름답다. 비록 요새는 안동포 하면 거의 자동으로 치자물이 들여져 시장으로 나오지만, 그전에는 흔히 치자물은 들이지 않았다는 증언도 있다.

시흥에 사는 박정옥 씨는 혼인한 지 이태된 가정 부인으로 삼복을 앞에 두고 "그리도 시원하다는" 안동포로 드디어 치마 저고리 한벌을 맞추어 입었다.

박정옥 씨의 옷은 먼저 물에 담갔다가 빨아 치자물을 되도록 많이 뺀 뒤에 "쟁을 친"(풀을 먹이고 날올과 씨올이 똑바로 만나도록 잘 잡아당겨 다린) 안동포로 지은 것이다.

박정옥 씨가 굳이 옷짓기 전에 치자물을 빼고 한 것은 언젠가 치자물 들이지 않은 자연색의 안동포의 아름다움에 반한 일이 있거니와 그냥 짓더라도, 몇물 빨아 입으면 어차피 빠질 물이므로 아예 처음부터 많이 지워내고 자연 섬유의 아름다움을 즐기려 했기 때문이다.

안동포로 지은 치마 저고리는 그 올이 보기 좋을 만큼 거칠어 살갗에 닿는 느낌도 쾌적할 뿐더러 속살이 훤히 비칠 염려도 없다. 다만 전통 옷 입는 예절에 비추어 노방("스위스아사"라 부르는)으로 속적삼까지 갖추어 입긴 하였으나 한여름 무더위에는 더러 겉저고리만 입을 작정을 하고 있다.

박정옥 씨의 치마말기는 치마 저고리를 지은 안동포로 달았다.

전통에 따르면 물들인 천으로 치마를 지었을 적에는 물 안 들인 그 천으로, 특히 명주 치마에는 흰 무명으로 말기를 다는 법이다. 또 물 안 들인 베나 모시 같은 소색의 자연 섬유로 지은 치마에는 제천으로 말기를 단다.

저고리에는 제천으로 고름을 달았다. 그러나 알아보니 안동의 부인들에게는 주로 매듭 단추를 단 적삼을 해 입는 게 가장 보편스러운 안동포 저고리 풍습이고 더러 고름을 달 때에는 안동포 저고리라도 고름만은 흰 광목이나 무명으로 해 단다고 한다.

아마도 안동포가 빳빳하여 찬바람에 꺾이기 쉬우므로 고름만은 찬바람에 잘 견디라고 실용적인 안목에서 그런 광목이나 무명으로 달았던 듯하다.

한더위에 너무 즐겨 입어 땀이 배었다 싶으면 이 치마 저고리를 비눗물에 잠시 담갔다가 비비지 말고 탁탁 쳐서 땀을 뺀 뒤에 그늘에서 말려 꾸덕꾸덕할 때에 풀해서 다리면 된다. 요즈음에는 풀 먹이는 데에 들 시간과 공력을 덜어 주려고 모기약처럼 칙칙 뿌리면 되는 스프레이식 풀도 나와 있다.

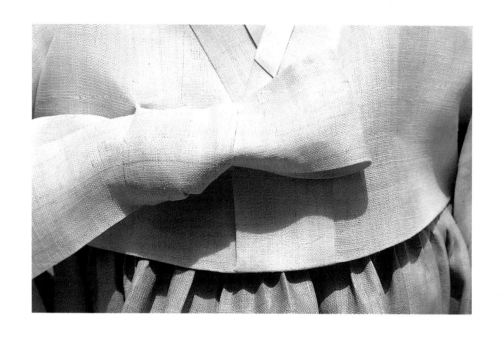

　베틀에서 막 짜낸 모시는 세모시이거나 장작모시이거나 감촉이 빳빳하고 초록 기운이 살짝 도는 연한 갈색을 띤다. 이것이 생모시이다. 생모시를 도토리나무 따위를 태운 재에서 내려 받친 잿물에 "마전" 곧 표백을 하면 하야면서도 따스한 느낌이 도는 익은 모시가 된다. 그러나 이것은 재래식 마전 방법이고 요새는 흔히 "빛날약"이라고도 부르는 표백 약품을 써서 푸른기가 돌아 덜 자연스런 흰 빛깔을 낸다. 그러나 강씨 부인의 저고릿감은 비록 재래식 마전을 거치지는 않았으나 형광빛은 섞이지 않은 천연 소색을 띠고 있다. 표백제를 쓰되 약하게 써서 생모시를 반절쯤만 익혔기 때문이다. 그래서 자세히 들여다보면 생모시의 연한 갈색을 그대로 지닌 날올과 씨올이 드문드문 눈에 띈다. 이렇게 덜 익힌 모시는 "반저"라고 부르기도 하는 것으로 감촉도 생모시보다는 부드럽고 익은 모시보다는 빳빳하다.

반저 장작모시로 지은 이 겹저고리는 좀 투박한
듯하면서 날올과 씨올이 드문드문 눈에 띈다.
세모시의 하늘하늘한 아름다움만 못지 않다.
(왼쪽)
생모시를 반절쯤만 익힌 것을 반저라고 하는데
이 천은 생모시보다는 부드럽고 익은 모시보다
는 빳빳한 감촉을 가진 반저 모시 본디의 빛깔을
띤 천이다.(위)
장작모시에 진달래빛 물을 들였다. 전에는 잇꽃
풀을 심어 그것으로 물을 들였으나 요즘은 잇꽃
이 드물어서 강씨 부인의 치마도 화학 염료를
사다가 물들였다.(아래)

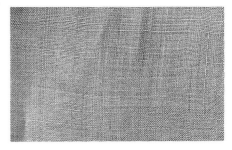

예전에 파란 한산 도장이 찍힌 한산 모시가 지게에 얹혀 이 마
을, 저 마을에 팔려 다니던 때에는 지게가 마을을 지나면 여염집
여자들이 한필이고 두필이고 그 모시를 사들여—모시 한필이면
박이 두루마기 두벌 감이다.—늦봄에 이녁이 입거나 누구를 지어
입힐 요량으로 사오월이면 벌써 부지런히 다듬이를 했다.

명주며 광목이며 모시며 철철이 다듬이 일거리가 줄을 잇던 적에
는 서울의 좀 넉넉한 집들은 외진 곳에 따로 다듬이방을 두고 광목
이나 명주를 다듬는 굵고 긴 방망이 한쌍, 모시를 다듬는 가벼운
방망이 한쌍을 으레 갖추어 두었다.

옥수동에 사는 여든이 넘은 이씨 부인이 일러 주는 모시 다듬이법
은 이렇다. 모시를 다듬으려면 먼저 쌀풀에 녹말 가루를 섞어 풀을
먹인다. 쌀풀만 먹이면 다듬을 때에 겹겹이 서로 들러붙기 때문에
녹말 가루를 섞는데 녹두 녹말이 좋다. 녹두를 맷돌에 타서 헝겊

자루에 넣고 짜서 받아, 뽀얀 물로는 녹두묵을 쑤고 가라앉은 앙금만 뜨뜻한 방바닥에 말리면 하얀 녹말 가루가 된다. 이 녹말 가루와 쌀풀을 섞어 죽죽하게 풀을 먹인 모시를 방치놀 곧 다듬잇놀에 얹기에 알맞은 폭으로 차곡차곡 개켜 꼭꼭 밟다가 반쯤 마르면 방치돌 위에 올려 놓고 진다듬이를 한다. 고루고루 한번씩 겉으로 나오게 매를 맞히면 "한쌈을 다 두드렸다"고 한다. 이렇게 한쌈이 방망이 매를 맞고 나면 축축하던 모시가 꾸덕꾸덕하게 마른다. 이것을 홍두 깨에 제 길의 방향대로 말아 다시 두드린다. 명주는 더운 오뉴월에 두드려야 뜨끈뜨끈이 매를 맞으며 "살이 잘 올라" 곧 윤이 나고 발이 도톰해져서 좋지만 모시는 살이 오르면 못 쓰니 선선한 이른 봄에 다듬이를 하는 것이 좋다. 모싯발이 넓적이 눌리고 올 사이가 메이도록 다듬은 것은 잘한 다듬이가 아니다. 그래서 모시는 명주 다듬는 방망이보다 가벼운 방망이로 가만가만 두드리는 것이다.

방치돌 위에 놓고 다듬을 때에는 둘이 마주 앉아 방망이 네개로 모시를 두드리고, 홍두깨에 감아 다듬을 때에는 모시를 만 홍두깨의 끝을 움켜잡은 사람은 다른 한손에 방망이를 쥐고 맞은편 사람은 두손에 각각 방망이를 쥐니 방망이 세개로 모시를 두드린다. 이때에 방망이끼리 짝이 잘 맞게 두드리면 서로 어울려 고른 소리가 나지만 서툰 사람이 방망이를 잡으면 뚝딱뚝딱 절름발이 소리가 난다. 다듬이를 배우던 예닐곱살 적을 생각하며 모시 다듬이 이야기를 꼼꼼히 들려 주던 이씨 부인은 "요즘 젊은애들은 피애노는 잘 두들기면서 방망이 짝은 왜 못 맞추누?" 했다.

똑같은 모시라도 이렇게 잘 다듬어서 명주 안감을 넣어 겹저고리를—그리고 남자의 경우에는 겹두루마기 같은 것을—지으면 늦봄에 입기 알맞은 옷이 되고 생모시를 더 빳빳이 쟁을 쳐서—모시의 올이 똑바로 서도록 둘이서 모시를 팽팽히 마주 잡아 당기며 자루 달린 조선 다리미로 다리는 것을 "쟁친다"고 한다.—박이 저고리를

똑같은 모시라도 다듬어 지으면 늦봄에 입기
알맞은 옷이 되고 **빳빳이** 쟁을 쳐서 지으면
까슬까슬하고 바람 잘 통하는 삼복 옷이 된
다. 다듬은 "반저" 모시로 지은 해방 전의 치
마. 지어 놓고 한번도 입지 않은 진솔이다.

지으면 촉감이 까슬까슬하고 바람이 잘 통하여 삼복에 입기 좋은
옷이 된다.

강씨 부인의 치마는 저고리와 똑같은 장작모시에 진달래빛 물을
들인 뒤에 다듬어 지었다. 전에는 이런 빛깔을 천에 내려면 잇꽃
물을 들였다. 밭에 잇꽃풀을 심어 유월 장마들기 전에 그 꽃을 따다
가 다홍이 좋으면 짙게 들이고 분홍이 좋으면 옅게 들였으니 그
꽃 물감을 통틀어 "잇물"이라고 했다.

그 밖에도 남빛은 쪽잎,—특별히 쪽잎으로 옅은 옥색물을 들인
옥색 모시 치마에 흰 저고리는 겨울이라도 제사를 모시려면 여자가
갖추어 입는 옷이다.—자줏빛은 꼭두서니나 지치, 노랑빛은 치자
같은 천연 물감으로 들였으니 그 빛깔에 억지가 없어 자연스러웠
다.

그러나 지금은 잇꽃이 드물어서 강씨 부인의 치마도 서울 회현
지하 상가에서 수입된 화학 염료를 사다가 물들일 수밖에 없었다.

모시 다듬이 저고리는 겹으로 짓고 안감으로 익은 명주를 넣는

서울 동숭동 문예 진흥원의 뜰에서 몰래 찍은 한 중년 남자의 모시 다듬이 두루마기. 훔쳐본 바에 따르면 아마도 안감으로 손명주를 다듬어 넣었을 터이다.

다. 다만 강씨 부인의 저고리는 안감으로 공장에서 생산한 생명주인 노방을 넣었다. 노방은 좀 깔끄럽게 짠 명주이니, 한여름에는 이 천으로 깨끼 저고리를 짓기도 한다. 치마는 홑겹 일곱폭 치마이다.

이 옷을 제 태깔 나게 입으려면 빨 때마다 다듬이를 새로 해야 한다. 안팎을 뜯은 저고리와 치마를 빨고 나서 풀을 먹여 반쯤 마르면 호았던 솔기들을 일일이 뜯어서 조각조각을 다시 다듬이한다. 그래서 모시옷은 처음에 지을 때에 솔기를 넉넉히 두고 말라, 한번 뜯어 빨 때마다 올이 풀어지기 쉬운 솔기 끝을 단정히 깎을 수 있도록 한다.

빨고 뜯고 다듬고 다시 솔기를 호아 입는 모시옷은 한번 빠는 일이 옷을 새로 짓는 것과 다름이 없다. 그러나 그런 모시옷이 나날이 입는 옷이 아니라 한해에 몇번 입을 한복일 바에야, 다른 옷에 헤프게 드는 정력과 시간과 경비를 절약하여 쓰면 즐거운 옷치레가 될 수도 있다.

게다가 드라이클리닝 방법을 쓰면 다듬은 모시결이 덜 망가져서 빨 때마다 다듬어야 하는 번거로움을 덜 수 있다. 또 물 세탁을 하여 그냥 입어도 되니, 촉촉할 때에 풀 먹여 잘 다리면 새로 다듬은 모시의 윤기에는 못 미치더라도 빨기 전의 다듬이 기운이 많이 살아난다. 사진으로만 보아도 충분히 느껴지겠거니와 다듬고 물들이고 세탁하기 번거롭다고 물리치기에는 너무 탐나는 태깔을 지닌 옷이 이 모시 다듬이 치마 저고리이다.

장윤희 씨의 세모시 치마 저고리

장윤희 씨가 세모시 치마 저고리를 한벌 지었다. 천은 전라도의 반저 모시, 곧 잿물에 절반쯤만 익힌 모시이다. 치마와 저고리가 모두 세모시이지만 저고리보다는 치마가 좀더 올이 가늘다. 저고리는 치마보다 살갗에 닿는 부분이 많기 때문에 본디 세모시로 치마 저고리를 지을 때는 이렇게 저고리를 치마보다 좀 굵은 모시 천으로 짓는 법이다. 이 곱다란 세모시 치마에다 여름에 가장 시원해 보일 빛깔이기도 하거니와 그가 좋아하는 빛깔이기도 한 남빛물을 들였다. 독특한 질감을 지닌 모시는 올이 물감을 달리 먹기 때문에 색이 고르지 않고 짙었다 옅었다 한 것이 오히려 깊은 바닷물빛처럼 서늘한 기분을 준다. 모시에는 남빛말고도 치자물을 들여 노란빛을 내거나 잇꽃물을 들여 다홍이나 분홍빛을 낼 수도 있지만 한여름인만큼 남빛을 골라 짙게 들였다. 저고리는 반저 모시 그대로의 자연스런 소색을 띠고 있다. 경대 서랍에 늘 넣어만 두었던 산호 가락지와 비취 단추, 산호 단추도 남빛 치마와 썩 잘 어울리니 이 치마 저고리 덕에 이따금 한번씩 햇빛을 쏘이게 되었다.

삼복에 옷 지어 입기 좋은 천으로는 모시말고도 비단실로 성기게

세모시 치마 저고리를 입고 선 장윤희 씨. 여덟폭 남빛 치마가 "사각사각" 소리를 내는 듯하다.

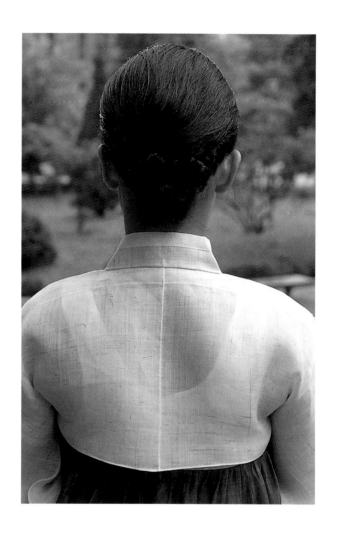

반만 익힌 세모시를 풀 먹이고 빳빳이 쟁을 쳐서 그 천으로 지은 적삼
(왼쪽)
왼쪽의 단추는 비취 단추이고 오른쪽 단추는 산호 단추이다. 본디 적삼
은 매듭 단추로 여미게 되어 있으나 이렇게 변화를 주어도 좋다. 경대
서랍에 늘 넣어만 두었던 비취 단추와 산호 단추가 남빛 치마와 썩 잘
어울리는지라 이 치마 저고리 덕에 이따금 한번씩 햇빛을 쏘이게 되었
다.(오른쪽)

짠 당항라, 모시로 항라처럼 짠 모시 항라, 생고사, 춘사 따위가 있다. 모시 항라는 성기게 짠 모시 천이라서 시원하기는 천 가운데에 으뜸이나 안이 훤히 비쳐서 여자의 적삼감으로는 적당하지 않고 한여름에 남자들이 집에서 걸치는 "등거리"—깃이 안 달리고 목이 둥글게 파이고 반소매이니 요새의 "런닝 셔츠"라고 생각하면 쉽다.—짓기에 좋다. 또 같은 모시라도 초여름에는 톡톡하게 다듬어 옷을 짓고, 한여름에는 빳빳이 쟁을 쳐서 옷을 짓는다.

"쟁을 친다" 함은 모시의 날올과 씨올이 직각으로 반듯반듯 만나고 올 사이가 메임이 없도록 천을 다루어 주어 까슬까슬한 기운이나 윤기 같은 모시의 특성을 돋우는 손질법을 일컫는다. 모시를 쟁을 치려면 우선 천에 생풀을 먹여야 한다. 요새 베갯잇 따위에 풀을 먹일 때에 손쉽게 하는 방법은 쌀을 밥하듯이 끓여 헝겊 자루에 넣어 물에 담가 그 자루를 주물럭주물럭거려 부연 물을 받아내어 그 물을 천에 먹이는 것이다. 이에 견주어 생풀을 먹이려면 쌀을 맷돌에 타서—요새는 맷돌이 흔치 않으니 믹서에 갈아도 크게 나쁠 것이 없겠다.—체로 밭쳐 가라앉은 앙금만 받아내어 좀 되직이 묵 쑤듯 쑨 것을 찬물에 담가 두었다가 떼어서 천에 먹인다. 생풀을 먹이지 않고 앞서 말한 손쉬운 방법으로 풀을 먹이면 올 사이가 메이기 쉽고 윤기도 덜 난다. 공 들이면 공 들인 그만큼만 태깔을

독특한 질감을 지닌 모시는 올올이 물감을 달리 먹기 때문에 색이 고르지 않고 짙었다 옅었다 한 것이 오히려 깊은 바닷물빛처럼 서늘해 보인다.(왼쪽)
오른쪽 위는 생모시를 찰볏짚이나 좁쌀짚을 땐 재를 시루에 내려 밭친 물에 담가 완전히 익힌 억지 없이 희디 흰 뉜 모시 저고리이고 아래는 길쌈한 그대로인 추수 때의 논 빛깔 같은 생모시 저고리이다.

내는 정직한 옷이 전통 한복이니 힘 덜 들이자면 태깔을 손해 보아야 한다.

이렇게 생풀을 먹인 모시를 손바닥으로 만져 주고 발로 살살 밟기를 번갈아 하다가 천이 꾸덕꾸덕하게 마르면 쟁을 친다. 쟁을 칠 모시는 다듬으면 탈난다. 올 사이가 메이기 십상이기 때문이다. 쟁을 칠 때에는 한 사람은 천의 네 귀퉁이 중에 한 귀퉁이를 두발 사이에 꼭 끼고 왼손으로 다른 한쪽 귀퉁이를 붙든다. 마주 보고 선 또 한 사람이 남은 두 귀퉁이를 한 손에 한쪽씩 붙들고 팽팽히 잡아당기면 앞에 말한 사람이 오른손에 다리미를 들고 천을 고루고루 다린다.

옛사람들이 모시를 쟁을 칠 때에 쓰던 다리미는 밑바닥이 둥근 모양이고 위에는 숯불이 담긴 조선 다리미이다. 조선 다리미는 바닥이 작고 둥근지라 긴 자루를 쥐고 어느 모퉁이든지 이리저리 고루고루 태깔 살려 다릴 수가 있다. 요새 쓰는 양복 다리미는 끝은 뾰족하

고 무게는 묵직하여 조선 다리미만큼 놀리기 자유롭지가 못하고
천이 눌리기 쉬우며 윤도 덜 낸다.

길쌈한 그대로의 모시는 생모시이고 이 생모시를 찰볏짚이나
좁쌀짚을 땐 재를 시루에 내려 밭친 물에 담가 완전히 "익히면"
익은 모시—이를 "뉜모시"라고 더 잘 일컫는다.—반쯤만 익히면
"반저 모시"가 된다. 생모시는 빛깔이 추수 때의 논처럼 보기 좋은
누런빛이고, 뉜모시는—양잿물을 써서 지나치게 표백하지 않고
재래식으로 익혔다면—억지스런 푸른 기운이 전혀 안 도는 희디
흰 빛깔이다. 생모시를 익히면 까슬까슬한 기운도 눅기 마련이라
뉜모시는 생모시보다는 덜 까슬까슬하다.

모시옷은 쌀 뜨물에 비벼 빠는 것이 가장 좋다. 요새 세제를 쓰려
면 하얀 목욕 비누를 써야지 양잿물 기운이 진한 빨래 비누로 빨면
비누 문지른 길마다 희끗희끗하게 탈색이 되어 모처럼 별러 지어

입은 옷을 "얼룩 송아지"를 만들게 된다.

한여름에는 동정이 땀이 배어 주저앉기 쉬우니 쟁을 친 명주나 모시에 빳빳한 종이를 받쳐서 달면 그럴 걱정이 없다. 그렇게 동정을 지어서 붙박이로 달면 빨 때마다 동정을 갈아 다는 번거로움도 피할 수 있다.

옛사람들은 한여름에 모시 저고리를 입더라도 겹으로 깨끼 저고리를 지어 입거나 홑으로 적삼을 지어 입으려면 속적삼을 꼭 받쳐 입었다. 이때에 속적삼은 겉옷보다 좀 올이 굵은 모시로 지었다. 고운 모시보다는 좀 굵은 모시가 몸에 감기지 않아 더 시원하기 때문이다. 장윤희 씨의 저고리는 홑적삼이지만 안에 속적삼을 받쳐 입지 않았다. 그러나 몸을 꼭꼭 숨겨 챙겨 입은 옷 예절을 좀 늦추어 이렇게 입었다고 큰 탓이 될 세상은 아니겠다. 또 천이 톡톡한 반저 모시인지라 흉될 만큼 들여다보이지는 않는다.

뉜모시이거나 생모시이거나 모시옷은 삼복이 지나고 선선한 바람이 불면 솔기처럼 이리저리 잘 스치는 부분의 올이 부러지기 쉽다. 그러니 끈끈한 여름 바람이 식을 무렵이 되면 모시옷은 부지런히 빨아 풀기를 빼어 옷장에 넣어 두어야 한다. 다음해에 바람이 다시 더워져서 그 옷을 꺼내어 풀 먹이며 또 무더위 넘길 준비를 하게 되기까지가 요새 같아서는 "눈 깜짝할 사이"이다.

박씨 부인의 *깨끼 치마 저고리*

햇볕이 따가워지고 잔등에 제법 땀도 맺히게 되는 유월에 치마 저고리를 지어 입으려면 어떤 천이 실용적일까?

서울 한강의 동쪽 끝인 명일동에 사는 박씨 부인도 초여름에 입을 치마 저고리 한벌을 새로 장만하려고 종로의 몇몇 주단집을 다녔는데, 그 주단집에서 권하는 물건은 한결같이 예전의 당항라나 생고사와 같은 손맛을 살려 기계로 짠 명주 천이었다고 한다. 그래서 선택한 것이, 실을 물 속에서 꼬아서 수방사라고 부르는 실로 짠, 발이 고와 실크모시아사라고 부르는 천이다.

박씨 부인은 우리옷이나 양장이나 모두 밝고 선명한 색으로 입기를 즐기는 편이어서 이번에 치마 저고리 천을 끊으면서도 계절과 어울리는 밝은 색을 선택하였다. 치마는 한여름 남새밭에서 따와서 베어 먹기에 좋게 익은 가지빛으로 했고, 저고리는 완두콩색보다는 좀더 밝은 연두색으로 했다.

삼복 더위가 오기 전까지 입을 것이니 저고리는 겹옷으로 깨끼 바느질을 해서 짓기로 정했다. 치마 안감은 흔히 주아사라고 하는 노방으로 겉감보다는 좀더 붉은 산딸기색의 것을 끊고 저고리 안감

여자의 한복은 직선과 곡선이 조화된 치마의 주름과 부피감, 그리고 저고리의 직선적인 단조로움을 살려야 아름답다. 이런 한복의 맵시를 찾아 입은 박씨 부인의 깨끼 치마 저고리. 호사럽은 물론 한여름의 삼복 더위에도 시원하게 입을 수 있는 "실크모시아사"로 가지빛 겹치마에 연두빛 겹저고리를 지어 입었다. 밝은 연두빛 저고리가 잘 어울린다.(왼쪽, 오른쪽)

은 겉감과 같은 연두색 실크모시아사로 정했다. 실크모시아사는 폭이 대개 "사사인치"의 절반인 이른바 "반인치짜리"로 저자에 나와 있다. 값은 한마에 사천원에서 오천원까지쯤이다. 주아사는 사사인치짜리로 한마에 삼천원에서 사천원까지쯤이다. 상인들의 말에 따르면 같은 천이라도 짜임새가 곱거나 성글기에 따라 값이 조금씩 차이가 난다고 한다.

박씨 부인은 이제까지는 치마 속의 속옷이나 속적삼을 생략하고 우리옷을 입었지만, 이번에 옷을 지으면서 스위스아사로 된 속적삼과 항라로 된 단속곳, 굵은 모시로 된 바지(여름이니 고쟁이)를 새로 장만했다. 그래서 늘 마음 한구석에 자리잡고 있던 자신이 격에 맞지 않는 우리옷을 입고 있다는 찜찜한 생각에서 벗어날 수 있게 됐다고 말한다. 특히 우리 속담에 "속저고리 벗고 은반지"라는 격에 맞지 않는 겉치레를 꼬집은 얘기를 익히 알고 있고, 우리옷은 속옷을 잘 받쳐 입어야 그 맵시가 산다는 것을 집안 어른들에게 배워 알고는 있었지만, 바느질집에 속옷만을 지어 달라고 하기에는

깨끼 치마 저고리 33

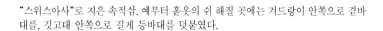

"스위스아사"로 지은 속적삼. 예부터 홑옷의 쉬 해질 곳에는 겨드랑이 안쪽으로 곁바대를, 깃고대 안쪽으로 길게 등바대를 덧붙였다.

마음이 번거롭고 또 유난스러운 듯해서 망설였던 참에 겹으로 지어도 훤히 비치는 여름옷을 장만하면서 속옷도 함께 갖추게 되어 오랜 숙제를 풀게 된 것이다.

속적삼은 저고리 밑에 입는 것이니 치수를 저고리보다 작게 해야 하고 고름을 달지 않고 매듭 단추를 달았다. 속적삼은 겨울에는 무명으로 여름에는 모시나 항라로 지어 입었고, 혼인 때는 아무리 엄동설한이라도 속이 시원하라고 분홍 모시로 지어 입었다 한다.

박씨 부인의 치마 저고리를 좀더 자세히 살펴보자. 저고리는 현대 감각을 거스르지 않으면서도 조선 후기나 일정 시대의 저고리를 염두에 두고 만들었다. 배래는 직선인 통소매는 아니더라도 많이 둥글리지 않고 칼배래기로 지었다. 깃은 목둘레를 감싸게 바투 올리고 되도록이면 너비를 넓게 지으려고 애썼다. 고름의 길이는 짧은 듯하게, 폭은 좁게 했다 도련은 조개도련으로 지었다.(살짝 둥글린 도련이 조개도련이다.) 동정은 한지에 하얀빛의 생명주를 잘 싸서, 깨끼로 지은 연두빛 겹저고리에 달았으니 좀 거무스름한 박씨 부인의 얼굴을 환하게 보이게 하며, 초여름의 파릇한 신록을 상징하는 듯하다.

치마도 깨끼 바느질을 해서 걸을 때마다 살짝살짝 가지빛 겉감이 뒤집히면서 붉은 산딸기빛 안감이 드러난다. 예전의 평상복 치마는 본디 홑겹으로 짓는 것이 원칙이다. 그러나 요즈음은 흔히 두겹으로 짓는다. 두겹으로 지으려면 겉감과 안감을 같은 색으로 하느니보다는 박씨 부인처럼 같은 계열의 좀 밝은 색으로 안감을 선택하면 살짝 살짝 보이는 안감이 오히려 멋스러울 수 있다고 하겠다.

광장 시장에 가면 보급용 여름 한복감으로 물모시라는 것도 나오나 대개 지어 놓은 옷태가 좋은 것은 물모시보다는 명주실로 짠 실크모시아사니, 수직모시아사니 하는 것들이다. 그것들은 물빨래를 피해야 그 모양이 변형되지 않고 오래 입을 수 있다.

박씨 부인의 저고리는 현대 감각을 거르지 않으면서도 조선 후기나 일정 시대의 저고리를 염두에 두고 만들었다. 배래는 직선인 통소매는 아니더라도 많이 둥글리지 않고 칼배래기로 지었다.

이씨 부인의
반저 모시 치마 저고리와 속옷

부산 사하구에 사는 이정원 씨는 모시, 무명, 명주 같은 이 땅의 토박이 천연 섬유로 지은 한복의 멋과 맛을 진작부터 알아 즐겨 온 이이다. 익은 모시, 생모시, 반저 모시, 물들인 무명, 생명주, 익은 명주 들의 손맛이나 입었을 적의 쾌적함을 그는 남몰래 즐기기도 하고 친한 이에게 권하기도 한다. 그가 이번에 지은 옷의 천은 반저 모시이다.(흔히 영남에서는 "반저"라고 하고 호남과 기호 지방에서는 "반제"라고 한다.) 생모시를 반쯤만 "익혀" 곧 마전(표백)하여 생모시보다는 부드럽고 익은 모시보다는 빳빳한 천을 그렇게 부른다. 빛깔은 누릇누릇한 기운이 도는 천연스런 소색이다.

한복 맵시를 옳게 내려면 이런 점을 조심해야 한다. 무엇보다도 깃고대가 목을 잘 감싸도록 놓여야 한다. 깃고대가 헐렁하여 목 뒤로 젖혀지면 저고리 맵시가 나지 않는다. 다음으로는 옷고름을 보통들 다는 것보다 좀 좁게, 좀 짧게 지어 다는 것이 좋다. 옷고름 나비가 요새처럼 너무 넓으면 저고리를 여몄을 때에 고름의 고가 수북하니 섶 맵시가 가려지고 단출한 맛이 없다. 고름이 너무 길어 치렁치렁한 신식 유행도 좋지 않다.

한국 전통의 한복 차림으로 선 이씨 부인

잘 입은 한복은 속옷을 잘 챙겨 입어야 하는데 요즘에는 겉만 번지르르하게 차리고 속에는 제대로 신경 쓰는 이가 드물다. 그러나 이씨 부인은 꼼꼼히 속옷을 챙겨 한복의 멋을 즐겨 온 이이다. 왼쪽은 생명주로 지은 속적삼. 요새 모시로 깨끼 저고리를 해 속적삼 없이 입은 이를 뒤에서 바라보면 등이 훤히 비치고 소매통 속으로는 팔이 다 드러나 보인다. 그런 모습이 한복 망신을 시킨다.

오른쪽 위는 속속곳, 가운데는 가래바지, 아래는 단속곳이다. 이씨 부인은 이 모두를 챙겨 입었다.

치마에 어깨허리 없이 치마말기로
꽁꽁 감아 잘 고정시켜 입은 은근
한 멋을 풍기는 이런 차림은 우리
에게 한복의 신성한 미를 느끼게
한다. 혹시 서울에 와서 원색끼리
야하게 싸우는 한복만을 구경하고
그것이 한국 전통의 옷인 줄 알고
돌아갈 외국인이 이씨 부인의 이런
옷차림을 본다면 그들의 한복에
대한 선입견이 크게 바뀔 것이다.

　또, 치마 길이는 버선코가(고무신을 신었다는 고무신 코가) 보일
만큼의 길이가 적당하다. 치마가 그보다 더 길면 땅에 끌려 치마
밑선이 보기 좋게 오므라지지 않는다. 또 하나는 치마에 어깨허리를
달지 말아야 한다는 것이다. 가슴께를 치마말기로 꽁꽁 감아 어깨허
리 없이 치마를 잘 고정시켜야 잘 입은 한복이랄 수 있다. 속옷을
잘 챙겨 입어야 함은 더 말할 것도 없다. 저고리 밑에 속적삼, 치마
밑에 단속곳, 밑에 바지, 바지 밑에 속속곳을 입어야 한다. 이씨 부인

한복 맵시를 옳게 내리려면 무엇보다도 깃고대가 목을 잘 감싸도록 놓여 깃고대가 목 뒤로 젖혀지지 않아야 한다. 또한 치마 길이도 버선코가 보일 만큼의 길이가 적당하다 치마가 그보다 더 길면 땅에 끌려 치마 밑선이 보기 좋게 오므라지지 않는다. 이러한 점들을 생각하여 지은 한복에 속옷까지 잘 챙겨 입으면 뒷모습까지도 품위가 있다.

은 속속곳 다음에 밑이 터진 가래바지를 입고 단속곳을 입었다.

모시옷은 반듯반듯한 올이 생명이다. 그래서 짓기 전에도 풀 먹이고 쟁을 잘 쳐서 올을 똑바르게 손질하여 다린 뒤에 지으며, 입다가 빨고 난 뒤에도 그렇게 늘 손질하여야 한다. 그러나 그런 손질은 요새 부인들이 흔히 새 옷 찾거나 지으러 바깥 나들이 하는 시간과 정력에 견주면 아주 단순한 잔일이다.

잘 지은 깨끼 저고리는 섶의 씨와 날이 반듯하게
만났는지를 보면 아는데 윤씨가 지은 저고리의
앞섶은 올이 반듯하다. 또한 보통들 다는 옷고름보
다 좀 좁게, 짧게 지어 저고리를 여몄을 때 고름의
고가 수북하지 않아 섶 맵시가 단촐한 맛이 있
다.(왼쪽)
생모시와 반저 모시 조각을 이어 박아 만든 손지
갑이 보기 좋다.(오른쪽)

반듯반듯한 올이 생명인 모시옷은 짓기 전에도 풀 먹이고 쟁을 잘 쳐서 올을 똑바르게 손질하여 다린 뒤에 짓고, 늘 그렇게 손질해야 한다. 한복의 그런 멋과 맛을 아는 이씨 부인

이미녀 씨의 깨끼 저고리와 홑치마

　　국립 국악원의 수석 무용수인 이미녀 씨가 치마 저고리를 흔히 "수직모시아사"로 부르는 명주실로 모시처럼 빳빳한 질감을 낸 천으로 지었다.

　　저고리는 겹으로 지은 깨끼 저고리이고 치마는 홑치마이다. 서양 옷의 "안감"의 개념이 우리옷 짓는 법에도 끼어들어 요새는 치마를 지을 때에 으레 노방 같은 천으로 안감을 넣으나 전통 한복 치마는 본디 홑치마이다. 옥수동에 사는 이규숙 노인의 말에 따르면 옛날에는 대례 지낼 때하고 제사 지낼 때 입을 치마와 수의 치마만 겹으로 지었지 여느 때 입을 치마는 죄다 홑으로 지었다고 한다.

　　얇은 천으로 홑치마를 지었다 하면 아마들 "안이 훤히 들여다보여 어쩌나" 싶을 것이다. 그러나 이미녀 씨는 그런 걱정을 하지 않아도 되었다. 그 홑치마 밑에 속옷들을 전통에 맞게 단단히 갖추어 입었으니 그랬다. 치마 입은 모양을 제대로 내려면—특히 홑치마

깨끼 저고리와 홑치마를 입은 이미녀 씨. 서양 옷의 "안감"의 개념이 우리옷 짓는 법에도 끼어들어 요새는 으레 노방 같은 천으로 치마 안감을 하나 전통 한복 치마는 본디 홑치마이다. 치마 밑에는 단속곳과 바지를 갖추어 입었다.

깨끼 저고리와 홑치마 안에 이미녀 씨는 이렇게 속옷을 단단히 갖추어 입었다. 속적삼은 노방으로, 단속곳은 항라로, 단속곳 밑에 입은 바지는 목자로 지었다.

바지는 둘 다 허리춤에 달린 "말기"를 가슴 위로 둘둘 돌려 잡아매어 흘러내리지 않도록 고정시켰다. 이 "말기"가 가슴을 꽁꽁 감추는 구실을 하니 이렇게 입은 뒤에 저고리를 입으면 저고리 도련이 들뜨지 않고 차분히 놓인다.

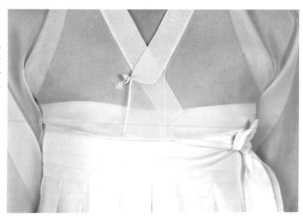

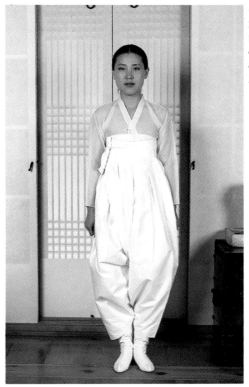

목자로 지은 바지. 전통 한복의 속옷가지 가운데에서 바지는 아직도 입는이가 많다. 다만, 요새는 말기로 가슴에 둘러매어 입게 짓지않고 허리에 고무줄을 넣어 지으니 가슴께에서부터 이어지는 치주기에는 부족함이 있다.

를 지어 입을 때일수록—속옷을 잘 갖추어 입어야 한다. 이미녀 씨는 치마 저고리를 지으러 바느질집에 갈 적에 따로 속옷감으로 항라와 목자를 끊어다 주어 각각 단속곳과 바지를 지어 두었었다. 또 두겹 깨끼 저고리 밑에 받쳐 입을 속적삼도 흰색 노방으로 지어 두었었다.

전통 한복 치마 저고리 밑에 옛 사람들이 갖추어 입던 속옷가지를 죄다 한번 알아보자.

저고리는 삼복 더위라 할지라도 달랑 겉저고리 한겹만 입는 법이 없었고 그 밑에 속적삼을 반드시 받쳐 입었다. 더 엄격하게는 속적

전통 한복 치마는 저고리 밑에
속저고리, 속저고리 밑에 속적삼을
받쳐 입었다.
국립 국악원의 수석 무용수인 이미
녀 씨는 저고리 밑에 속적삼을
입었다.

삼 위에 속저고리, 그 위에다 겉저고리 해서 세벌을 차곡차곡 입었
으니 이 셋을 합하여 이르기를 "삼작저고리"라 하였다.

치마 밑에는 더 여럿을 챙겨 입었다. 치마 바로 밑에 가랑이가
넓은 단속곳을 입고—이른바 속치마는 신식옷이다.—그 밑에 뒤가
터진 바지(여름 바지는 고쟁이라고 따로 부른다.)를 입고 그 밑에
속속곳을 입고 맨 안에는 다리속곳—요즈음의 팬티에 해당된다.
—을 입었다. 상류 계급에 드는 이들이 정장을 할 때에는 치마를
풍성히 하려고 단속곳 위에 너른바지를 하나 더 입기도 했다. 거기
에다 무지기 속치마를 더 입어 치마폭을 더욱더 부풀리기도 했고
궁중에서는 무지기 속치마 위에 다시 대슘 속치마를 더 입기도 했
다. 또 저고리 길이가 아주 짧았던 시절의 것이기는 하지만, 옷을
입기 전에 맨살에 겨드랑 밑으로 바짝 치켜서 가슴을 납작하게 조르
는 허리띠를 동여맸다. 허리띠는 나비가 오 센티미터에서 칠 센티미
터까지쯤 되었으며 옥양목이나 명주로 만들었다.

이미녀 씨의 치마 밑 속옷들은 거기에다 대면 지극히 약식이다.
그러나 그것들은 적어도 육이오 전후까지 이 나라 부녀자들이 치마
입는다 하면 흔히 갖추어 입던 약식 속옷이다. 더러 치마 밑에 바지

(또는 고쟁이)만 입는 수도 있었으나, 흔히 적어도 이 두 가지만은 치마 밑에 입었다.

이미녀 씨의 단속곳과 바지는 둘 다 허리춤에 달린 "말기"—치마의 경우에 치마허리인 부분—를 가슴 위로 둘둘 돌려 잡아매어 흘러내리지 않도록 고정시켰다. 곧 어깨허리나 고무줄 허리를 달지 않았다는 말이다.

저고리의 도련선은 가슴께가 불룩하면 보기 좋지가 않다. 서양 옷이 옷감 재단할 때에 가슴에 "다아트"까지 잡아가며 옷의 가슴께를 불룩하게 돋우는 데에 견주어 한복 저고리는 가슴을 꽁꽁 감추어야 반듯한 맵시가 난다. 그러나 요새는 흔히들 어깨허리를 단 속치마의 허리를 꽉 조여 옷핀을 찌르고 마니 그 어깨허리 안에 가슴이 꽁꽁 숨을 수 있나?

전통 한복의 속옷들은 가슴을 완벽하게 숨겨 준다. 저고리가 아주 짧았던 때에는 허리띠로 벌써 동여매인 위로 아랫도리 속옷의 말기들을 차곡차곡 돌려매는 사이에 가슴은 말기 밑에 숨어들어 저고리 도련이 차분히 놓일 만큼 가슴께가 판판해졌다. 그 뒤로 일정 시대부터 저고리 길이가 길어지고 나서 허리띠는 없어졌지만, 치마, 단속곳, 바지의 말기로 곱게 동여매야 하는 가슴 단도리가 저고리 입은 맵시를 다듬어 주었다.

속옷을 제대로 차려 입으면 치마는 항아리처럼 잘 부푼 모양이 되고 저고리는 가슴께가 들뜨지 않아 도련선이 아름답게 살아남을 이제 모두 알아두자. 잘 입은 한복이란 속에서부터 차곡차곡 잘 갖추어 입은 한복을 말한다. 그리고 눈속임이 통하지 않는 옷이 한복이니 속옷 안 갖추어 입은 채로 얼추 치마 모양을 부풀리려고 아무리 애를 써도 겹겹이 출렁이는 속옷을 품은 한복 치마 맵시는 못 따라간다. 금박 입히고, 수 놓은 데에 들일 공을 속옷치레에 쏟는 편이 지혜롭다.

권정인 씨의 중국모시 치마 적삼

본격으로 더위가 시작되는 초복과 중복이 들어 있는 칠월이 되면 이제까지 노출을 꺼려 매무새를 꼼꼼히 단속하던 이들도 시원하고 통풍이 잘 되는 간편한 차림을 찾게 된다. 그러나 노출을 많이 하는 양장이라고 모두 시원한 것은 아니다. 천의 재질이 통풍이 잘 돼야 옷으로 지어 입어도 시원하겠다.

삼국 시대부터 즐겨 입었다는 모시나 삼베 같은 식물성 옷감이 가장 훌륭한 여름 옷감으로 꼽힐 수 있다. 또 요즘 양장에 곧잘 쓰이는 수입산 아마와 저마(라미)도 통풍이 잘 되는 여름 옷감이다. 그리고 또 있다. 이마적에 홍콩을 거쳐 우리나라에 들어오는 중국제 수입 모시가 그렇다. 요컨대 삼이나 모시풀의 줄기껍질을 재료로 해서 짜내는 이 삼베, 모시뿐만이 아니라 저마(라미), 아마, 그리고 중국모시는 이제 한복과 양장에 구분없이 쓰이고 있는 듯하다.

본디 이 여름 옷감들은 실크처럼 몸에 붙지 않고 빠드름하니 몸에서 좀 뜨는 옷감이니 치마 저고리로 지었을 적에 더욱 그 멋이 난다. 곧 저고리의 직선의 멋과 치마의 옆이 봉긋한 곡선의 멋은 모시나 삼베로 지었을 적에 더욱 잘 나타난다. 그래서 조끼허리에 잔주

중국모시가 우리나라에 들어올 적에는 생모시인 채로 들어와 상인들이 사서 염색
공장에서 표백하고 원하는 빛깔을 낸다. 올이 보기 좋을 만큼 거칠어 우리나라 것으
로 치자면 아홉새쯤의 반서 모시와 같은 중국모시로 지은 노리끼리한 적삼도 물들인
것이다. 거기에 자주색 치마를 입은 권정인 씨. 적삼과 치마 속에는 적삼과 같은 중국
모시로 지은 속적삼과 속바지(고쟁이)를 입었다. 자주색 치마에 짧게 늘어뜨린 치마
말기가 편안해 보이는 권정인 씨의 매무새를 여무지게 뒷단속해 준다.

목을 감싸듯이 바투 지은 깃, 쟁을 쳐
한지를 받쳐 단 모시 동정, 단정하게
매인 짧고 좁은 고름, 나부죽한 치마말
기 들이 어울려야 우리 저고리의 멋이
산다. 치마말기는 물들인 천으로 지은
치마에는 물 안 들인 천으로 달고 명주
치마에는 흰 무명으로 달고 모시 치마
에는 흰 모시로 치마말기를 단다. 권정
인 씨는 가지색 치마에 흰 모시로 치마
말기를 늘어뜨렸다.

름을 잡아 종아리까지 오는 통치마와 신라 시대 여자들이 입었을
법한 저고리를 덧입은 모양인 흔히 개량 한복이라고 부르는 것보다
한복의 느낌만을 살려 더 "개량된" 모양새를 한 양장이 요즈음 유행
하고 있는 듯하다.

그러나 마치 등거리에 통치마를 입은 듯한 그 한복식 양장은 같은
옷감으로 지은 한복은 말할 것도 없고 진짜 양장보다도 맵시가 더
못하다.

포목 상점이 즐비한 서울의 광장 시장에 가면 중국모시가 흔하게
눈에 띈다. 요즈음 한복식 양장에 흔히 쓰이는 모시가 바로 이 중국
모시이다.

권정인 씨가 지어 입은 중국모시는 우리나라 것으로 치자면 아홉새쯤 되는 것이다. 중국모시는 모터가 달린 계량 베틀에서 공 덜 들여 짜내 우리 모시보다 좀더 뻣뻣하고 거친 듯하지만 빛깔이 다양하고 값이 덜 부담스럽다.

　권정인 씨는 그 중국모시로 치마 저고리를 지어 입어 보았다. 한산이나 여수 같은 곳에서 올라오는 우리나라 모시는 중국 것보다 짜 놓은 솜씨가 거칠지 않고 월등히 곱지만 공장에서 여러 가지 빛깔로 다양하게 물을 들이는 중국모시만큼 색이 다양하지 못하다. 또 우리나라 모시는 그 공으로 치면 값이 아직도 싸다 하겠으나 마음 편히 옷 해 입기에는 부담스러운 값임은 틀림이 없다. 그래서 권정인 씨처럼 한꺼번에 두세벌 장만하려는 이는 모터가 달린 계량 베틀에서 공 덜 들여 짜내 우리 모시보다 좀더 뻣뻣하고 거친 듯하지만 빛깔을 다양하게 고를 수 있고 값이 덜 부담스러운 중국모시에 손이 가게 되는 듯하다.

　중국모시는 홍콩을 거쳐 우리나라에 들어올 적에는 생모시인 채로 들어온다. 그 생모시를 상인들이 사서 염색 공장에 부탁해서 마전(표백)하고 원하는 여러 빛깔을 낸다. 지금 우리나라에 들어와 있는 중국모시는 올이 굵어 얼핏 보기에는 삼베와 비슷한 것과 아홉새쯤 되어 보이는 우리나라 모시와 같이 올이 보기 좋을 만큼 거친 것 두 종류가 있다. 앞에 것은 폭이 이십이 인치이고 한필이 스물여섯마이니 치마 저고리 두벌쯤이 나올 수 있다. 값은 칠만오천원쯤을 한다. 뒤의 것은 폭이 십팔 인치이고 한필이 열여덟마인데 치마 저고리 한벌과 저고리를 하나 지을 수 있다.

동백나무 이파리 같이 짙은 녹색 치마는 치마허리를 조끼허리로 지었다. 예전에 치마에 민허리를 날았을 적에는 권정인 씨의 자주색 치마처럼 가슴을 동이고 난 나머지 치마말기를 저고리 밑으로 늘어뜨렸었다. 그러나 해방 뒤에 치마말기가 조끼허리로 변천하면서부터 치마끈이 저고리 속으로 숨어 버린 것이다.

권정인 씨는 올이 보기 좋을 만큼 거칠어 우리나라 것으로 치자면 아홉새쯤의 반저 모시와 같은 노리끼리한 색과—그러나 이 중국모시의 노리끼리한 색은 우리나라 반저 모시와 같이 반쯤 마전(표백)을 해서 나온 빛깔이 아니고 하얗게 표백을 한 뒤에 다시 노리끼리한 물감을 들여 낸 것이다.—가지색, 동백나무 이파리 빛깔 같은 짙은 녹색인 십팔 인치짜리 중국모시를 한필씩 샀다. 노리끼리한 색 한필로는 적삼과 속적삼 그리고 속바지(고쟁이)를 지었다. 가지

색과 동백나무 이파리와 같은 짙은 녹색으로는 제각기 치마를 지었으니 그 치마 저고리를 자세히 소개해 보자.

본디 속적삼과 속바지는 겉에 입는 적삼보다도 올이 굵어야 한다. 올올 사이로 시원한 바람이 쉬 통과하고 빳빳해야 몸에 감기지 않을 뿐더러 적삼과 치마를 빠드름하게 잘 받쳐 줄 수 있기 때문이나. 권정인 씨는 그 노리끼리한 중국모시로 속적삼과 속바지를 지어도 그런 역할은 잘할 듯해 십팔 인치짜리 한필에서 적삼과 함께 한몫에 지었다. 또 여름이라도 속바지 위에 단속곳을 덧입어야 하겠으나 속바지 하나만 입어도 치마의 양 옆이 봉긋한 모양새를 잘 받쳐 줄 수 있을 정도로 빳빳해 단속곳은 생략했다.(실제로 우리 할머니들은 여름이면 치마 속에 속바지 하나만을 입었다.) 적삼의 동정은 빳빳하게 쟁을 친 모시에 한지를 받쳐 달았다. 또 거추장스럽지 않으려고 배래기는 더욱 칼배래기로 했다.

권정인 씨의 가지색 치마에는 흰 모시로 치마말기를 늘어뜨려 놓았다. 동백나무 이파리같이 짙은 녹색 치마는 치마허리를 조끼허리로 지었다.(조끼허리는 해방 뒤부터 본격으로 많이 지었는데 예전에 민허리인 치마말기로 지었을 적에는 가슴을 동이고 난 나머지를 반드시 저고리 밑으로 늘어뜨렸었다. 곧 조끼허리로 변천하면서부터 치마끈이 저고리 속으로 숨어 버린 것이다.)

십오년 전부터 골동품을 모아 오다 너무 많아 `놔둘 곳이 없어 가게를 꾸며 전시해 온 지 올해로 오년이 된다는 권정인 씨는 난초를 수집해 가꿔 한때는 그것이 천 포기가 넘기도 했던 "착실한" 수집광이다. 그런 그이가 갓 지은 진솔 치마 저고리를 편안하게 차려 입은 모습을 보니, 보는 이가 더욱 편안하다.

김경애 씨의 세모시 치마 적삼

평소에 치마 저고리를 흔히 입지 않아 어떻게 지어 입어야 전통적인 맵시가 나는 한복이 될지 마음속으로만 몇해를 생각해 오다 이번에 비로소 지어 입은 김경애 부인의 세모시 치마 적삼을 살펴보기로 하자.

그이는 먼저 여름 한복을 비단으로 지을까 모시로 지을까 망설였었다. 그러다가 생고사니, 항라니 하는 여름 비단 옷감보다는 모시가 올올 사이로 바람이 한층 더 잘 들어와 한여름에 입기에 더 적당할 듯해 모시로 짓기로 결정했다.

서울의 종로 오가에 있는 광장 시장에 가면 모시와 삼베 같은 천연 섬유를 파는 포목점이 즐비하게 늘어선 골목이 있다. 그곳의 한 가게를 찾아 들어간 그이는 눈에 잘 띄게 진열해 놓은 희디희게 표백한(그러고도 모자라 더욱 하얗게 보이려고 형광 표백을 한) 세모시, 야하게 물을 들인 연두색이나 분홍색 세모시를 제쳐두고 그 집 주인에게 바래기만(표백하기만) 한 담백한 소색 세모시를 사고 싶다고 했다. 그 주인이 진열장 뒤편에서 가져온 한지에 싼 세모시는 마전만 한 적당한 소색의 것으로 빛깔도 올의 굵기도 그이

연한 쑥색 적삼과 담백한 소색 치마를 상큼하게
차려 입고 오랜만에 한가한 나들이를 나선 김경
애 부인의 모습은 매우 자연스러워 한여름의
자연과 잘 어울린다.(앞)
김경애 부인은 평소에 치마 저고리를 흔히 입지
않아 어떻게 지어 입어야 전통적인 맵시가 나는
한복이 될지 마음속으로만 몇해를 생각해 오다
이번에 비로소 세모시 치마 적삼을 지어 입었
다.(왼쪽)
적삼은 두록색 곧 완두콩색에 가깝게 물을 들이
고 치마는 제색인 소색 그대로 지었다.(오른쪽)

의 마음에 꼭 맞는 것이었다. 그 세모시는 몇해를 그 집에서 묵은
것이라고 했다. 덧붙이자면 모시는 짜 놓은 지 얼마 되지 않은 것보
다는 몇해쯤 묵힌 것이 윤기가 나고 올이 탄탄해 더 고급한 것으로
친다.

그이는 폭이 삼십 센티미터가 채 안 되는 그 세모시를 한자에
칠천원을 주고 스물일곱자를 샀다. 적삼은 두록색 곧 완두콩색에
가깝게 물을 들이고 치마는 제색인 소색 그대로 지을 작정이었다.

흔히 예전에는 두록색 물을 들이려면 산에 자라는 깽깽이풀을
잘게 손으로 뜯어 물에 넣고 우려 그 물에 들였다고 한다. 그러나
요즈음 한복감에 들이는 인공 염료도 자연 염료만큼 자연스럽고
은근한 빛깔이 난다. 김씨 부인은 그 포목점 주인에게 소개받은
물감집에 가서 따로 말라 놓은 적삼감에 두록색 곧 "연한 쑥색"
물을 들여 달라고 부탁을 했다. (말할 것도 없이 그곳에서는 인공
염료로 물을 들인다.) 물을 들인 뒤에 굳이 수소문을 해 "구식"으로
짓는 한복 삯바느질집을 찾아 옷을 맡기되 풀 먹여 쟁을 친 뒤에
지어 달라고 부탁했다. 그이가 흔히 쇼 윈도우를 갖추고 있는 요즈
음 한복집들을 마다고 옛날식 삯바느질집을 찾아간 까닭은 이렇

다. 무엇보다도 그 쇼 윈도우에 마네킹이 입고 선 한복이란 것이 치마가 양식 플래어 치마처럼 아래로 갈수록 헤벌어진 것이 싫었고, 치맛단, 고름, 깃 따위에 흔히 수를 놓은 것도 마땅치가 않았던 것이다.

우리 속담에 "석새 베에 열새 바느질"이란 말이 있다. 곧 허드레 옷을 짓더라도 바느질은 정성을 들여야 한다는 뜻이다. 요즈음은 모두 전기 재봉틀로 바느질을 해서 쉽게 옷을 지을 수 있지만 그래도 가위질 한번, 바느질 몇땀에 따라 그 바느질의 꼼꼼함이 좌우되니 그 속담이 지금까지도 효력이 있다고 할 수 있겠다.

특히 김씨 부인이 지어 입은 적삼과 홑치마 같은 것은 솔기를 곱솔로 지어야 하는 것이기에 바느질이 더 야무져야 한다.

적삼에는 한여름에 좀 거추장스러울 듯한 고름을 달지 않고 매듭 단추를 달았다. 그리고 한여름에 입을 것이니 소매길이를 좀 짧게 하고 배래기도 칼배래기로 해서 간편하게 했다. 동정은 치마와 같은 소색인 쟁을 친 세모시를 저고리에 박아 달았다. 본디 적삼을 입을 적에는 속적삼을 입는 것이 전통 격식이겠으나 연한 쑥색 적삼이라 속이 그리 비치지 않을 듯해 그만두기로 했다. 아무리 시원한 세모시라 하더라도 한여름에 속적삼까지 갖추어 입기는 좀 부담스럽기도 했다.

치마허리는 조끼허리로 지었다. 조끼허리가 맨살을 가려 주니 적삼 안의 살갗이 바로 비칠 염려는 없겠다. 치마폭은 모시폭이 삼십 센티미터가 채 안 되는 폭이어서 여덟폭을 붙여 지었는데 지어 놓고 보니 그리 넓지 않고 적당해 단아한 모양새가 났다. 김씨 부인은 세모시 치마 속에 올이 굵은 모시 고쟁이를 입었다.

연한 쑥색 적삼과 담백한 소색 치마를 잘 차려 입고 오랜만에 한가한 나들이를 나선 김경애 부인의 모습은 보기에도 시원하고 매우 자연스러워 한여름의 자연과 잘 어울린다.

치마폭은 모시폭이 삼십 센티미터가 채 안 되는 폭이어서 여덟폭을 붙여 지었는데 지어 놓고 보니 그리 넓지 않고 적당해 단아한 모양새가 난다. 세모시 치마 속에는 올이 굵은 모시 고쟁이를 입었다.

변정희 부인의 거들치마

"집안에 혼례나 회갑연 같은 행사가 있을 때나 격식을 갖추고 나서야 할 자리에 마음은 치마 저고리를 곱게 차려 입고 가고 싶지만 우리 한복 치마가 습관이 안 되면 매우 거추장스럽지 않아요? 그래서 선뜻 한복을 입고 나서게 되지 않는 듯해요."

한복보다는 양장에 길이 잘 든 요즈음 젊은 여자들이 한복 입기를 어려워하며 흔히 하는 말이다.

경기도 원당에 사는 변정희 씨도 그렇게 말하곤 했다. 그러나 생고사로 지은 옥색 저고리에 가지색 "거들치마"를 입어 보고는 그 생각을 바꿨다. 흔히 요즈음에 짓는 저고리는 고름이 길어서 발에 밟혀 쉬 풀어지는 것과는 달리 새로 지어 입어 보인 옥색 생고사 저고리의 자주고름이 짧고 좁아 단정하고 간단해서도 그랬거니와, 저고리 위로 치마를 접어 올려 주름잡아 길이를 조정하고 허리띠로 가슴께를 둘러맨 거들치마의 단정한 매무새 때문에 더욱더 그랬다.

변정희 씨가 입어 보인 거들치마는 요즈음에는 입는 이를 찾아볼 수 없는 치마이지만, 한말이나 일정 시대에 여염집 여자들이 곧잘 입던 치마였다.

거들치마란 말은 입고 걷기에도, 일하기에도 불편한 긴 치마를 접어 올린 뒤에 허리끈으로 고정을 시켜 입게 되면서 비롯되었다. 곧 보통 치마 길이보다 한자쯤이 더 길고 폭도 넓은 치마에 허리띠를 동여매고 접어 올리면서 활동하기에 편하도록 한 것이니, 흔히 여염집 여자들이 나들이할 적에나 일할 때에 했던 매무새이다.

한국 복식을 연구하는 유희경 씨에 따르면 혜원이나 단원의 인물 풍속도에서 보면 서민층이나 기생 또는 노비들이 긴 치마를 걷어 올리고 허리띠를 매고 있는데, 그것도 걷기에 간편하게 하려고 그랬을 것이라고 하며 여염집 여자들 사이에서도 보행 때에는 긴 치마를 거두어 들고 다녔는데 이에서 거들치마라는 명칭이 나왔다. 일할 때에는 거들치마를 입고 그 위에 행주치마를 둘렀다고 한다.

흔히 걸을 적에 고무신 코가 보이는 보통 치마로 거들치마를 하자면 속바지나 단속곳이 훤히 드러난다. 그런 모양이 예전의 풍속화에도 간혹 보이기는 하지만, 여염집 여자들이 입었던 거들치마는 접어 올리고 난 뒤의 치마의 길이가 보통 치마 길이와 같은 고무신 코가 보일 정도의 길이이다.

거들치마와 함께 입을 저고리는 좀 짧아야 한다. 치마를 꺾어 접어 저고리 고름 아래까지 올려야 하고 더욱이 그 꺾어 접어 올린 부분에 큰 주름을 듬성듬성 잡아 그 아래로 허리띠를 매는데 저고리가 길면 도련이 밖으로 접혀 나오므로 저고리 모양이 곱지 못하다. 그러니 거들치마와 같이 입는 저고리는 짧아야 한다.

거들치마를 잘 입으려면 이렇게 해야 한다. 긴 치마를 저고리 위쪽으로 접어 올라가게 오른손을 치마 속으로 넣어서 저고리 위로 끌어 올린 다음에 왼쪽으로부터 오른쪽으로 주름을 차근차근 크게 접어서 왼손으로 곁에서 주름을 오른쪽으로 눕게 하나하나 눌러 준다. 그리고 짙은 쪽색의 넓은 허리띠로 가슴께를 동여매고 다시

변정희 씨가 입어
보인 거들치마는 허리
띠 아래의 형태로
보자면 보통 치마의
단정한 항아리 모양을
벗어나지 않고 있다.
자연스럽게 주름이
잡힌 치마의 모양이
소담스럽다.

거들치마란 말은 입고 걷기에도, 일하기에도 불편한 긴 치마를 접어 올린 뒤에 허리끈으로 고정을 시켜 입게 되면서 비롯되었다. 곧 보통 치마 길이보다 한 가쯤이 더 길고 폭도 넓은 치마에 허리띠를 동여매고 접어 올리면서 활동하기에 편리하도록 한 것이니, 흔히 여염집 여자들이 나들이할 적이나 일할 때에 했던 차림이다.

허리띠는 짙은 쪽색 명주로 지었는데 안은 홈질을 해서 빳빳하게 하고 겉은 명주 홑감으로 다시 쌌다. 이처럼 거들치마에 두르는 허리띠는 예부터 쪽색으로 지었다.

치마 길이를 잘 조절한다.

 허리띠는 짙은 쪽색 명주로 지었는데 안은 홈질을 해서 빳빳하게 하고 겉은 명주 홑감으로 다시 쌌다. 거들치마에 두르는 허리띠는 예전부터 이처럼 쪽색으로 지었다. 허리띠의 너비는 십구 센티미터쯤 되게 한다.

 우리나라 여자들의 옷의 기본형이라 할 치마 저고리에서 저고리는 많은 변화를 거쳤다. 그러나 치마는 그리 두드러진 변화가 없었다. 다만 거들치마와 같이 허리띠로 그 매무새를 뒷단속하는 수가

거들치마를 잘 입으려면 이렇게 해야
한다. 긴 치마를 저고리 위쪽으로 접어
올라가게 오른손을 치마 속으로 넣어서
저고리 위로 끌어 올린 다음에 왼쪽으
로부터 오른쪽으로 차근차근 주름을
크게 접어서 왼손으로 겉에서 주름을
오른쪽으로 눕게 하나하나 눌러 준다.
그리고 짙은 쪽색의 넓은 허리띠로
가슴께를 동여매고 다시 치마 길이를
잘 조절한다.

있다. 그러나 거들치마가 허리띠로 길이를 조절해서 나온 전통적인
모양이지만, 신식 비단폭으로 쳐서 두폭쯤 되는 양 옆이 봉긋한
항아리 모양의 풀치마에 익숙한 이들에게는 매우 이채로운 모양으
로 보일 듯하다.

변정희 씨가 입어 보인 거들치마는 허리띠 아래의 형태로 보자면
보통 치마의 단정한 항아리 모양을 벗어나지 않고 있다. 자연스럽게
주름이 잡힌 치마의 모양이 소담스럽다.

변정희 씨가 입어 보인 옥색 생고사 저고리는 안감을 흰색 생고사

로 넣은 겹저고리이다. 고름은 자주색 생고사로, 끝동은 남색 생고사로 지었다. 남끝동은 아들이 있음을, 자주고름은 남편이 있음을 뜻하는 것이나. 그러니 예전에는 아들이 없으면 남끝동을 대지 못했고 남편이 없으면 자주고름을 달지 못했다고 한다.

변정희 씨가 옥색 저고리 밑에 지어 입은 속적삼도 단속곳이나 속바지와 같은 흰색 생고사로 지었다. 고름과 동정이 없을 뿐이지 그 모양은 저고리와 같다. 속적삼은 품도 길이도 소매도 저고리보다는 한치씩 작아야 한다. 그래야 저고리를 덧입었을 적에 속적삼이 저고리 밖으로 비죽이 나오는 실수가 없겠다.

가지색 생고사 거들치마의 안감은 짙은 쪽색으로 넣었다. 가지색 겉감이 더욱 진해 보이라고 그랬다. 치마말기는 흰색 생고사로 지었다. 치마말기는 봄, 가을, 겨울에는 광목으로 짓지만 여름에는 얇은 감으로 짓는다.

한창 어머니의 손이 가야 하는 일곱살박이 딸 아이와 다섯살박이 아들을 둔 변정희 씨가 모처럼 짬을 내어 옥색 저고리와 가지색 거들치마에 허리띠를 잘 여미고 난 뒤에 나들이를 하며 "한복도 양장만큼 간편하고 활동적으로 움직일 수 있다는 것에 놀랐다"고 하면서 흡족해 했다.

박인자 씨의 **초여름 한복**

전라북도 전주에 사는 박인자 씨는 그의 동글납작한 얼굴이며 이목구비며 체구가 한복을 한벌 해 입히면 참 잘 어울릴 듯하다고 여긴 그의 집안 어른이 그의 서울 나들이 길에 초여름에 입기에 알맞은 치마 저고리 한벌을 철에 맞추어 지어 주셨다.

옷 지은 천을 알아보자. 치마를 지은 천은 이른바 실크모시라는 천이고 저고리를 지은 천은 문명주이다. 치마와 저고리 둘 다 주아사 안감을 대어 깨끼 바느질을 했다.

실크모시나 문명주 같은 천 이름은 사실은 전통 명주 이름에는 없는 이름이나 이 글과 사진을 읽고 보고 혹시 똑같은 천으로 옷을 지어 입고 싶어할지도 모를 독자들을 위해 포목점에서 천을 다루는 이들이 흔히 부르는 요새 이름을 그대로 밝히어 둔 것이다.

실크모시나 문명주나 명주실로 생모시 같은 빳빳한 손맛이 나도록 처리하여 짠 천이다. 문명주는 무늬명주의 준말이라 한다. 박인자 씨의 저고리 천으로 쓴 문명주에는 "기쁠 희"자와 구름 무늬가 어우러져 있다.

명주라면 더운 옷감으로 아는 것은 잘못된 상식이다. 예전부터도

치마 저고리 한벌을
철에 맞추어 지어
입고 서울 나들이를
한 박인자 씨의 옷
지은 천을 알아보면
치마를 지은 천은
실크모시이고 저고리
를 지은 천은 문명주
이다. 치마와 저고리
둘 다 주아사 안감을
대어 깨끼 바느질을
했다.

"기쁠 희" 자와 구름 무늬가
어우러져 있는 문명주를 저고
리 천으로 쓴 박인자 씨는 머리
를 한 갈래로 땋아 내렸다.

명주실로 성기게 짠 당항라나 익히지 않은 명주로 짜서 빳빳하고
깔깔한 손맛을 지닌 생고사처럼 초여름은 말할 것도 없고 삼복까지
도 시원하게 입을 수 있는 천이 있었다.

요즈음에는 전통 한복에 대한 사람들의 관심이 점점 커져 가자
거기에 비례하여 생산하는 쪽에서도 토박이 천의 손맛과 품위를
여러모로 응용하여 본뜬 신제품을 내놓기들도 하게 되었다. 박인자
씨가 입은 치마 저고리 감도 거기에 든다.

박인자 씨가 입은 반회장 저고리에 특징이 하나 있다. 사진을
보면 저고리의 끝동과 고름은 똑같은 자줏빛 천을 썼는데도 빛깔이
달라 보인다. 고름은 자줏빛이 두겹 겹쳤으나 끝동은 홑겹이라 그렇
다. 그러니 여름옷에 속이 비치는 천으로 끝동을 댈 적에는 천이
얇다는 점을 미리 헤아려서 겹으로 대도록 하는 것이 좋겠다.

실크모시나 문명주는 명주실로 짜되 생모시 같은 빳빳한 손맛이 나도록
처리하여 짠 천으로 지은 치마 저고리는 초여름은 말할 것도 없고 삼
복까지도 시원하게 입을 수 있다.

70 초여름 한복

김형권 씨의 **한여름 한복**

　서울의 방배동에 사는 김형권 씨는 삼복에 들어서자 반저 모시 두필을 여수에서 날라다가 두루마기와 바지 저고리, 속바지, 조끼를 지어 전통 여름 정장을 갖추었다.

　반저 모시 두필을 받아 한필로는 두루마기 내고 또 한필로는 바지 저고리, 속바지, 조끼를 내었으니 두루마기를 짓고 남은 열여덟자와 바지 저고리, 속바지, 조끼를 짓고 남은 석자를 모아 둘둘 말아 꾸려 두었다.

　김형권 씨가 이번에 지어 입은 옷은 삼복을 날 옷이므로 까슬까슬한 촉감을 돋우고 올올 사이로 바람이 잘 드나들도록 풀 먹여 살살 밟아 천이 꾸덕꾸덕하게 마른 뒤에 쟁을 친 모시로 지었다. 이렇게 지은 옷은 찬바람이 나면 올이 꺾이므로 잘 빨아 두었다가 다음해 삼복 때에 다시 꺼내어 입어야 한다. 같은 모시라도 풀한 뒤에 방망이로 고루고루 살살 매를 맞혀 다듬은 모시로 지으면 늦봄이나 여름 끝에 입기 알맞은 옷이 된다.

　예전에 모시나 베로 고의 곧 홑바지를 지어 그 시원함을 여름 내내 누리던 이들은 그 안에 다른 속옷을 전혀 입지 않기도 했었

반저 모시 두필을 여수에서 날라다
가 한필로는 두루마기 내고 또
한필로는 바지 저고리, 속바지,
조끼를 내어 여름 정장을 갖추어
입은 김형권 씨(왼쪽)
생모시를 반쯤만 익힌 반저 모시로
지은 두루마기를 입은 뒷모습이
오히려 까슬까슬하고 시원해 보인
다.(오른쪽)

다. 이번에 지은 옷도 올이 톡톡한 반저 모시라 그 안이 그리 비치지
는 않으므로 집에서는 그렇게 입고 시원하게 지내도 무방하겠으나
김형권 씨는 전통 격식에 따라 그 안에 같은 천으로 길이가 좀 짧은
속바지를 받쳐 입었다. 그리고 그 길이는 양말을 신어 발목이 덮이
는 부분과 조금 포개질 만한 데서 끊었다. 기왕에 비치지 말라고
속바지를 한겹 더 입었으니 양말과 속바지 사이의 맨살만이 겉에
입은 고의 밖으로 비치지 말라고 그렇게 했다.
　저고리와 두루마기에는 희게 익힌 모시로 동정을 지어 달았는데

두루마기에는 희게 익힌 모시로 동정을 지어 달았는데 한지를 배접하여 정식으로 달아 두루마기의 깃과 동정 매무새가 빼어나다. 이 모시옷은 땀이 배면 농성을 떼어 비누를 흠뻑 묻혀 더운 물에 담갔다가 손으로 뒤적이며 땀을 빨아낸다.

저고리는 아예 깃에 눌러 박아 달았고 두루마기는 한지를 배접하여 정식으로 달았다.

　모시옷은 요새 유행하는 린넨 옷—이른바 마직옷—과 마찬가지로 입고 앉았다 섰다 하면 어느덧 구겨지기 쉽다. 그러나 그 구겨진 모습도 그대로 아름다움에 유념해야 한다. 그러니 구겨질 걱정 때문에 몸놀림을 너무 제약할 필요는 없다. 다만 너무 구겨진 모습이 마음에 걸리면 나들이하고 집에 돌아와 물 살짝 뿜고 다시 다리면, 땀에 흠뻑 젖었거나 때가 너무 묻었거나 한 경우가 아니면, 새로 빨래해서 다린 모습을 되찾을 수 있다.

　땀 배인 모시옷은 동정을 뗀 뒤에 비누를 흠뻑 묻혀 더운 물에 담갔다가 손으로 뒤적이며 땀을 빨아낸다. 더러 습한 장마철에 입고 나갔다가 큰비를 만나 고의 가랑이에 흙물이 잔뜩 튀게 되면 빨래판에 천을 한겹 두른 뒤에(그러지 않으면 빨래판의 골에 천의 올이 치대여 상하기 쉽다.) 그 위에 고의 가랑이를 대고 놀리면서 흙물을

모시옷은 입고 앉았다 섰다 하면 잘 구겨진다. 그러나 그 구겨진 모습도 그대로 아름
다우니 구겨질 걱정 때문에 몸놀림을 제약할 필요는 없겠다. 다만 너무 보기가 흉하
다 생각되면 물 살짝 뿜고 다시 다리면 된다. 저고리의 동정도 두루마기와 같이 희게
익힌 모시로 달았는데 아예 깃에 눌러 박아 달았다.

뺀다. 모시는 물빨래하기에 결코 번거로운 옷은 아니나 무명이나 합성 섬유로 된 옷처럼 마음놓고 비비거나 치대면 올이 다치므로 다른 옷보다는 빨래할 적에 좀 위해 주어야 한다.

　그렇게 빤 뒤에 풀 먹여 다리면 도로 고슬고슬한 촉감이 살아난 새 옷이 된다. 풀을 안하고 그냥 다려 입으면 올이 보푸라기가 일고 뭉개지며 힘이 없어져서 모시옷만의 독특한 손맛을 누릴 수 없다.

복중에 입은 옷에 웬 조끼인가 할 이도 있겠으나 격식대로 조끼까지 덧 입어도 바람이 잘 통하여 전혀 답답하지 않다.

이길룡 교수 내외의 **한여름 한복**

"지금으로부터 이십년쯤 전인 대학 시절부터 남들이 양복 차려입고 나설 자리에 아버지가 입던 명주 바지 저고리를 입고 나서는 '깡'이 있었다"는 효성 여자 대학교 미술 대학 동양화과 교수 이길룡 씨는 여름이 다가올 적마다 이번에는 꼭 모시로 지은 한복을 마련하리라 마음만 다지곤 하다 이번 여름에야말로 그이의 오랜 숙원을 풀었다.

이길룡 씨의 부인 김경희 씨는 남편과 함께 자신도 그동안 모시로 한복을 지어 입고는 싶었으나, 서울의 광장 시장이나 종로의 주단 골목에서 쉽게 구할 수 있는 희디희게 표백한 흰 모시에는 차갑고 섬뜩한 기운이 돌아 옷 지어 입기를 꺼려 왔는데, 이번에 전라도의 한 친지에게 부탁하여 가져온 누릇누릇한 빛깔의 천연스런 반저 모시 세필을 받고는 모시 짜는 공력만큼이나 꽤 비싼 값을 치러야 하는 경제적인 부담에도 불구하고 그 모시에 마음을 빼앗겨 선뜻 두 내외의 한복을 지어 입게 되었다고 말한다.

이길룡 씨는 양복으로 치자면 정장이랄 수 있는 겉옷에서 속옷까지 모두 갖춘 두루마기, 바지 저고리, 조끼, 속바지를 열새쯤의 반저 모시로 지었다. 예전 같으면 한몫에 두루마기와 바지 저고리를 짓더라도 두루마기는 더 가는 것으로 하고 살갗 닿는 부분이 많은 바지 저고리는 좀더 굵은 것으로 했으나 그러려고 하면 서로 다른 굵기의 천을 함께 끊어야 하고 옷을 짓고 나면 굵기가 다른 천 쪼가리가 조금씩 남아, 상 보자기로나 쓰일까, 요긴하게 쓰기에는 너무 적게 남으니, 두루마기와 바지 저고리의 천 굵기를 달리 해 입는 멋은 살짝 비켜 지나갔다.

열새쯤 되는 반저 모시 세필로는 이길룡 씨의 한복과 그 부인의 치마 저고리와 고쟁이를 짓고 나서 여자 속적삼 감쯤의 분량이 남았다. 그러나 김경희 씨는 속적삼을 "스위스아사"로 지어 입었다. 속적삼까지도 반저 모시로 하자니 천이 너무 아까워서 그랬다. 남자가 모시로 두루마기, 속바지까지 해서 한복을 잘 갖추어 입으려면 사십자(이십 미터) 짜리로 한필 반이 든다.(여기에서 사십자 한필을 강조하는 것은 요새 이르는 "한산 모시"는 한필이라고 해야 고작 서른예닐곱자밖에 안 되기 십상이기 때문이다. 또 요새 짜는 한산 모시로는 폭이 좁아 두루마기를 지을 수 없다.) 그런가 하면, 김경희 씨가 지어 입은 것처럼 치마 저고리와 속적삼과 고쟁이만이라도 갖추어 입으려면 남자와 같은 길이인 한필 반이 든다.

이길룡 씨 내외의 반저 모시옷은 삼복 더위를 지내기에 알맞게 풀을 먹여 빳빳하게 "쟁을 쳐서"(손질하여) 지었다. 다만 요즈음에 상품으로 나오는 모시는 이미 쟁이 쳐진 것이니 모시 천을 사서 쟁을 칠 염려는 없으나 물을 들여 옷을 해 입을 때에는 사정이 달라진다.

이길룡 씨는 바지 저고리와 조끼는 반저 모시의 천연색을 그대로 살려 지어 입되, 두루마기는 옅은 쪽물을 들여 지어 입고 싶었다. 그러나 예전에 널리 쓰이던 쪽물빛은 요즈음 훌륭하게 개발된 인공 염료로도 흉내내지 못할 빛깔이나, 한번 빨 때마다 쪽물이 빠져

같은 색깔을 꼭 유지하려면 다시 물을 들여 "깨워야" 하는 번거로움
이 있달 수 있고, 군이 진짜 쪽물을 들이려면 쪽풀이 다 자라는 가을
까지 기다려야 한다기에, 옅은 쪽물빛에 가까운 화학 염료를 써서
쪽물빛 흉내를 내기로 결정했다. 그리고 그이의 부인의 치마는 짙은
쪽물빛이 나는 화학 염료를 들여 누릇한 소색의 반저 모시 적삼과
어울려 현대 감각으로 보면 "보색 대비"가 되게 하였다.

  화학 염료로 물을 들이려면 집에서 손수 물감을 사다가 들여도
뜻있고 재미있는 일이 되겠으나 물을 들여본 경험도 없이 오랫동안
벼르다가 지어 입는 반저 모시옷에 처음으로 물을 들이기에는 마음
이 놓이지 않아 여기저기 수소문하여 동대문 시장 안에도 물 잘들이
는 물감집이 있다는 말을 듣고 그곳에 남자 두루마깃감과 여자 치맛

누릇누릇한 반저 모시로 지은 김경희 씨의 저고리의 동정은 명주에 한지를 받쳐 달았고, 깃은 목둘레를 감싸게 바투 올려 지었다. 치마는 짙은 쪽물빛이 나는 화학 염료를 들여 적삼과 대비를 이루었다.

감에 각각 옅은 쪽물빛과 짙은 쪽물빛을 내보라고 바라는 색깔의 견본과 함께 맡겼다.(물감집에서는 반저 모시에 물을 들이기 전에 먼저 희게 표백을 한다는데 그래야 원하는 빛깔이 실수없이 나온다고 한다.) 그 뒤에 그곳에서 물들인 모시를 찾아 보니 본디 쪽물로 들인 빛깔에 못지 않게 옅은 쪽물빛과 짙은 쪽물빛이 나왔다. 그 물들인 천을 모시쟁을 전문으로 치는 집에서 쟁을 쳤다.

그이들은 요즈음 부쩍 는 주름살이 그러지 않아도 나이를 역력히 드러내는데, 두루마기의 쪽물빛과 누릇누릇한 빛깔의 반저 모시 바지 저고리, 짙은 쪽물빛 치마와 반저 모시 저고리가 어울려 전통에 맞닿아 있으면서도 현대 감각에 어울려 오히려 "캐쥬얼"해 보이기까지 한다고 말하며 만족해 했다.

예전 사람들은 여름에 맨살에 그대로, 베나 굵은 반저 모시로 지은 홑바지 하나
만을 입는 수도 흔했으나 격식을 갖추려거나 외출할 때에는 속바지를 갖추어
입어야 했다. 이길룡 씨가 입은 속바지는 반저 모시로 지었다.

국회의원 서경원 씨의 반저 모시 두루마기

국회의원 서경원 씨가 반저 모시옷을 격식을 갖춰 한벌 지어 입었다. 그이가 입은 옷을 살펴보자. 두루마기는 홑겹이고 단을 접어서 박았다. 고름은 겹으로 했다. 여름에 입을 모시옷이나 베옷에 겹고름을 달 때에는 세탁을 하기에 편리하라고 홑장을 반으로 접어서 꿰매지 않고 달기도 한다. 서경원 씨의 두루마기와 저고리의 고름은 그렇게 달았다. 조효순 씨가 쓴 「한국 복식 풍속사 연구」에 따르면 홑겹 두루마기는 조선 말기에 생활이 실용적으로 되어 가면서 널리 유행하기 시작했다고 한다. 그때부터 여름용 모시옷에는 홑겹으로 된 박이 두루마기, 홑단 두루마기를 입기 시작했는데, 홑단 두루마기는 꿰매지 않고 시접을 꺾어서 풀로 붙여 다린 임시방편용의 두루마기였다 한다.

저고리와 두루마기의 동정은 명주에 한지를 받쳐 넓게 달았다. 그러나 굳이 예의를 갖추어 입지 않아도 될 옷이거나, 땀이 배어 세탁하는 횟수가 많은 여름옷에는 동정을 아예 박아 다는 수도 많다. 그럴 때는 흰색 모시로 동정을 해서 박아 다는 것이 좋다. 희게 익힌 모시로 동정을 해 박아 달면 빨 때마다 동정을 새로 해서 달아

홑겹의 두루마기는 단을 접어서 박았고 고름은 겹으로 했다. 모시옷이나 베옷에 겹고름을 달 때에는 세탁을 하기에 편리하라고 홑장을 반으로 접어서 꿰매지 않고 달기도 한다. 버선 아닌 양말에 대님을 매는 요즈음은 바지 속에 입을 속바지가 옛날 것보다 더 길게 하여 양말 목을 덮을 수 있어야 한다. 이렇게 새로 지은 반저 모시옷을 입고 국회 의사당에 선 국회의원 서경원 씨

84 반저 모시 두루마기

반저 모시 저고리의 동정은 명주에 한지를 받쳐 달았다. 동정이 요새 유행하는 것보다 넓은 것이 눈에 띈다. 그러나 굳이 예의를 갖춰 지어 입지 않아도 될 옷이거나 땀이 배어 세탁하는 횟수가 많은 여름옷에는 동정을 아예 박아 다는 수가 많다. 그럴 때에는 희게 익힌 모시로 동정을 해 박아 달면 좋다.

야 하는 번거로움을 덜 수도 있다. 조끼의 단추는 조개로 만든 단추를 달아 소박한 멋을 냈다.

예전 사람들은 베나 굵은 반저로 지었으면 여름에 맨살에 그대로 홑바지 하나만을 입는 수도 흔했다. 그러나 격식을 갖추려거나 외출할 때에는 속바지를 갖추어 입어야 한다. 그러지 않으면 감출 곳의 곡선이 바지 밖으로 비치기 쉽기 때문이다. 전통 격식대로 속바지를 지으려면 보통 바지 짓는 법과 같이 해야 한다. 다만 바지보다 품이 좁고 길이가 짧게 하되, 버선 아닌 양말에 대님 매는 요새 바지 속에 입을 속바지는 기껏 무릎 아래께에 내려 오기 십상이던 옛날 속바지보다 더 길게 하여 양말 목을 덮게 하여야 장딴지만의 살이 "잘려" 비치는 것을 막을 수 있다. 모시나 베로 짓는 것이 제격이나, 요즈음에 대량 생산이 되는 모시아사와 같은 까실까실한 천으로 지어도 된다.

모시옷은 물빨래를 하기에 그리 번잡한 옷은 아니다. 그러나 양잿물 기가 많은 빨래 비누로 빨면 비누 닿은 곳마다 탈색이 되어 노릿노릿한 제빛깔이 죽는 수도 있다. 그러니 더운 물에 옷을 넣고 세수

조끼에 단 단추는 조개 단추이다. 조끼 단추로는 땅 속에 송진이 엉겨서 보석처럼 영근 것 곧 그 색깔에 따라 밀화니, ㄴ파니, 호박이라고 부르는 것을 쓰기도 한다. 하지만 여름 조끼의 단추로는 조개 단추도 반저 모시의 올과 어울려 소박한 멋을 낸다.

비누를 흠뻑 묻혀 손으로 자근자근 눌러 땀을 빨아낸다. 그 뒤에
맑은 물이 나올 때까지 헹구어 풀 먹여 꾸덕꾸덕할 때에 다리면 다시
까슬까슬하고 빳빳한 막 지어 입은 것과 같은 새 옷이 된다.

　반저 모시로 새 옷을 잘 갖추어 입은 서경원 씨는 혼잣말로 연거
푸 "농민인 내가 모시옷으로 호사를 해서 될까" 한다. 천만 농민의
대표라는 책임감이 그이의 모든 말과 행동을 곧고 옹골지게 하고,
때로는 그이의 언행을 제약하기도 하지만, 우리옷을 잘 갖추어 입은
그이의 모습은 그이의 언행을 더욱 늠름하고 도탑게 한다.

국회의원이 되고 난 뒤에 늘
입고 다녔던 무명 겹두루마기
이다. 타계한 장인에게서 물려
받았다.

이혜송 씨의 반저 모시 두루마기

　서울의 반포 아파트에 사는 이혜송 씨가 초여름을 맞으며 지은 한복을 소개한다. 치마 저고리는 명주 중에 빳빳한 기운이 있는 천인 삼팔명주로 지었고 두루마기는 반저 모시로 지었다. 치마와 저고리는 주아사로 안감을 넣어 깨끼 바느질로 지었고 두루마기는 얇고 보드라운 흰색 명주 안감을 넣어 지었다.

　치마 저고리야 이미 그가 드물지 않게 입던 옷가지에 든다고도 할 수 있으나 모시 두루마기는 이번에 처음으로 지어 입었다. 그 모시로 말하자면 전라남도 장흥에서 짠 천을 날라 온 것이다.

　모시에는 초록 기운이 살짝 도는 연한 갈색 생모시, 그 생모시를 잿물에 마전하여 곧 표백하여 보드랍게 한 익은 모시, 생모시를 반절쯤만 마전하여 생모시보다는 보드랍고 익은 모시보다는 빳빳한 반저 모시가 있다. 또 특히 반저 모시가 요새는 그 이름조차 잊혀져 있는 형편이지만 그 아름다움이 빼어나다. 반저 모시 천의 멋은

치마 저고리는 명주 중에 **빳빳한** 기운이 있는 천인 삼팔명주로 지었고 그 위에 반저 모시로 지어 흰색 명주 안감을 넣은 두루마기를 입은 이혜송 씨(오른쪽)

반저 모시 두루마기 89

반저 모시 봄 두루마기에 어울리게 그 안에 입은 치마 저고리도 은행빛 치마에
흰 저고리이다. 이 위에 두루마기를 입을 적에는 치마를 잘 휘감아 허리끈으로 둘
러매고 입는다.

90 반저 모시 두루마기

고와 맺음이 알맞아 보기 좋은 고름 모양을 가까이
에서 찍었다.(왼쪽)
초록 기운이 살짝 도는 연한 갈색 생모시를 반절
만 마전한 반저 모시로 지은 두루마기는 안에
흰 명주를 대었다.(오른쪽)

약한 마전 뒤에도 드문드문 살아남은 갈색 올들이 낸다. 반저 모시
천에 그렇게 가로 세로 듬성듬성·짙게 도드라져 보이는 올들을 전라
도에서는 "사모"라 부르고 충청도에서는 "사미"라고 부른다. 물빨래
를 할수록 사모(사미)는 엷어진다.

　반저 모시는 봄, 여름, 가을에 두루 입는다. 다만 봄과 가을에는
홍두깨에 올려 두드려 옷을 해 입고, 여름에는 그냥 지어 입는다.
그리고 다듬은 모시로 지은 옷이 남녀의 저고리나 두루마기이면
안에 명주를 댄 겹옷이었다. 그런가 하면, 다듬은 모시로 지은 옷을
빨래하려 하면, 일일이 뜯어서 빨아 다시 다듬어 옷을 지어야 했
다. 품이 많이 드는 거추장스러운 일이다. 그러나, 현대의 상황으로
보자면, 그런 옷이 나날이 입는 옷이 아닐 뿐더러 주로 외출할 때에
곱게 잠깐 입으므로 빨 때가 자주 닥치지는 않으니 입고 걸어 두었
다가 다음번에 입을 적에 다시 다려 입고 더럼 탄 동정만 갈아 달
면, 서너해는 거뜬히 입을 수 있다. 게다가, 드라이클리닝을 해서
다려 입으면, 뜯어서 다시 바느질한 것만은 못해도, 그 근본 볼품은
그대로 살아 있다.

이혜송 씨의 저고리는 명주 중에 빳빳한 기운
이 있는 삼팔명주에 주아사 안감을 넣어 깨끼
바느질로 지었다.

　　이혜송 씨는 치마 안에 단속곳과 바지를 챙겨 입었다. 그 천으로
는 톡톡한 광목을 골라 끊어다가 지었다. 그 단속곳과 바지에 달린
긴 끈으로 가슴을 차근차근 동여매어 가슴께를 정리한 위에 깨끼
저고리와 치마를 입고 저고리의 도련이 차분히 놓이게 하고 치마
맵시도 냈다. 또 그 위에 두루마기를 입을 때에는 치마를 잘 휘감아
허리끈으로 살짝 둘러맨 뒤에 입어 두루마기 밑으로 보이는 치마의
아랫부분이 보기 좋게 했다. 보기도 좋거니와, 그렇게 매면 치마가
가뜬하여 두루마기까지 차려 입고도 걸음걸이에 불편함이 없다.

화가 김종학 씨의
생안동포 두루마기와
반저 모시 바지 저고리

　서양화가 김종학 씨가 삼복 전에 반저 모시 저고리, 조끼, 바지와 생안동포 두루마기를 맞추어 입어 보았다. 덥고 습한 여름 날씨에 그 옷을 입어 보니 그가 진작에 여름 한복 짓기를 망설이며 하던 염려들은 군걱정일 따름이었다.

　모시결이 깔끄러워 몸이 보대낄 줄 알았더니 그렇기는커녕 땀나도 몸에 안 들러붙고 바람 솔솔 통하니 몸이 더없이 쾌적하였다.

　잘 구겨지면 어쩔까 하며 옷태를 보전하기가 무척이나 거추장스러울 줄 알았더니 한량없이 편했다. 오히려 양복보다 구김살에 신경 덜 써도 되었다. 오히려 구겨진 모습이 한복의 태를 이룬다고 할 수 있었기 때문이다. 설사 구겨진 것이 싫다손치더라도, 양복에 땀 배어 후줄근해진 모습보다는 훨씬 정갈해 보였고, 집에 돌아와 물 한번 뿜고 양다리미로 다리면 새로 다린 것처럼 빳빳이 펴졌다.

　그가 옷 해 입은 천을 보자. 두루마기 안에 갖추어 입은 바지, 저고리, 조끼 들은 반저 모시로 지었다.

　김종학 씨가 입은 반저 모시 조끼의 단추가 옷 빛깔과 잘 어울린다. 옛날에 깎아 만든 금파 단추이다. 땅속 송진이 엉겨서 보석으로

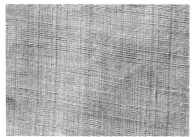

상괴내지 않아 검붉고 손맛이 빳빳한 안동포
는 예부터 옷감으로는 잘 쓰이지 않았다. 그러
나 삼의 자연색을 가장 정직하게 간직하고
있는 천이 그것이다. 김종학 씨도 그 정직한
빛깔이 탐나서 그 천을 좋아한다.(왼쪽)
생안동포로 지은 김종학 씨의 홑깨끼 두루마
기의 천 한 부분과 고름을 가까이에서 찍었
다.(위, 오른쪽)

영그니 나이가 아직 어려 노랄 적에는 "밀화", 그것이 나이를 좀더
먹어 빨간빛을 띠면 "금파", 그것이 더 오래되어 조청처럼 투명하면
서 빛깔이 짙어지면 "호박"이라 부른다. 서양 사람들은 이 셋을
통틀어 그냥 "앰버"라 한다. 구한말에 남자 복식에서 도포가 사라지
면서 마고자, 조끼가 남자의 저고리 덧옷으로 두루 퍼졌고 밀화,
금파, 호박 같은 보석들을 깎아서 조끼나 마고자의 단추로 다는
일이 흔해졌다 한다. 다만 요새 새로 깎인 밀화, 금파, 호박의 단추는
그 비싼 값에도 불구하고 깎은 솜씨가 흔히 신식이어서 생김새가
천박스럽다. 오히려 여름 조끼 단추로 값 덜 비싸고 질 좋은 국산
돌 단추를, 이를테면 옅은 회색의 "옥" 단추, 옅은 베이지색의 "황
옥" 단추, 검붉은 빛이 도는 "자마노" 단추를 권한다. 어느 것이나

반저 모시로 지은 김종학 씨의 저고리와 조끼. 조끼 속으로 보이는 저고리
동정은 익은모시이다. 두툼하고 끝이 무디게 잘 만들어 단 동정이다. 조끼
단추는 금파 단추이다.

반저 모시 천의 멋은 약한 마전 뒤에도 드문드문 살아 남은 갈색 올들이 낸다. 그렇게 가로, 세로 듬성듬성 짙게 도드라져 보이는 올들을 "사모"나 "사미"라 부른다.

어른의 조끼에는 단추를 다섯개 달고 어린 아이 조끼에는 세개만 단다.

두루마기는 생안동포로 시은 홑깨끼 누루마기이다. 안동포란 안동에서 하는 생냉이 길쌈으로 짜낸 삼베의 이름이다. 곧, 삼의 겉껍질을 훑어내고 속껍질만을 "생으로" 곧 날로 길쌈해서 짜낸 생냉이가 안동포이다. 그 생냉이는 또 둘로 나뉜다. 베틀에서 짜여져 내려와 빛깔이 검불그스레하고 손맛이 무척 빳빳한 채인 것이 있고, 그것을 잿물에 "상괴내어"(생모시의 "마전"에 견줄 수 있다. 잿물을 써서 삼의 섬유를 부드럽게 하고 천이 날 것일 적의 검붉은 기운을 빼내는 과정을 "상괴낸다" 한다. 안동 지방에서는 모시의 마전, 베의 상괴내기를 두루 "익힌다"고 표현하기도 한다.) 붉은 기운 빠진 천에 다시 치자물을 들인 것이 있다. 요새 객지 사람들이 흔히 "안동포"라 부르는 것은 뒤의 것이고, 김종학 씨의 두루마기 천은 앞의 것이다.

길쌈하는 이들이 안동장에 내다 파는 것은 상괴내기 전의 안동포이다. 안동장과 대처를 잇는 상인들이 안동장에서 그걸 한몫에 사들여 안동의 상괴집에서 잿물에 익히고 치자물을 들여 대처로 내어 간다. 그러므로 상괴내지 않은 안동포 곧 위에서는 "생안동포"라고 편의로 이름지은 천을 대처 사람이 구하려면 상인의 다리를 빌지 않고 곧장 안동장 보러 나서거나 그 동네 사는 이에게 연줄을 대거나 해야 할 것이다.

상괴내지 않아 검붉고 손맛이 빳빳한 안동포는 예부터 옷감으로는 잘 쓰이지 않았다. 그러나 삼의 자연색을 가장 정직하게 간직하고 있는 천이 그것이다. 김종학 씨도 그 정직한 빛깔이 탐나서 그 천을 좋아한다. 다만, 생모시가 그렇듯이 상괴내지 않은 안동포도 한여름의 습한 무더위와 장마가 지나고 덥기는 해도 건조한 팔월말쯤 되면 올이 빳빳하여 부러지기가 쉽다.

안화승 씨의 베 고의 적삼

"베 고의에 방귀 나가듯 한다"는 옛말이 있다. 베로 지은 홑바지인 고의는 이렇게 바람이 사방으로 술술 통하는 옷이다. 여기에다 저고리도 홑겹 베로 지은 적삼을 입으면 끈적거리지도, 달라붙지도 않아 삼복 더위를 적게 보대끼고 날 수가 있다.

한여름이면 누구나 홑겹으로 지은 옷을 찾는다. 더구나 요새 사람들은 옷을 점잖게 입는 일에 그다지 높은 값을 매기지 않는지라 애나 어른이나 한여름에는 화학 섬유와 무명을 얼버무려 안이 훤히 들여다보이도록 얇게 짠 "티"나 "남방" 들을 입기 좋아한다. 그러나 실제로 이런 옷 중에는 안이 훤히 비치도록 얇아 보기에는 시원하나 정작 입은 사람은 바람이 안 통해 보기만큼 시원함을 누릴 수 없는 옷이 많다.

참말로 시원한 여름옷은 안이 훤히 들여다보이지 않아 입은 사람이 무엇을 자꾸 덧걸치려 조바심하게 만들지 않으면서 바람도 잘 드나들어 땀이 몸에 밸 틈을 안 주는 옷이다.

화학 섬유의 요술로 시원스레 훤히 비쳐 더위에 지친 사람을 꼬이는 옷감들이 퍼지기 훨씬 전부터 이 땅에는 이렇게 안이 비치지도 않고, 바람 잘 통하고, 몸에 닿는 촉감이 더위에 늘어진 몸에 싫지 않게 까슬까슬한 천이 있었으니 그것이 베이다.

사람들은 흔히 이 땅에 대대로 내려온 천에는 마음을 두어 본 일도 없으면서, 공연히 "그런 천은 다 옛것이고 잊혀진 것이며, '회고 취미' 즐기는 이들이나 먼 데에 수소문해서 비싼 값에 사들이는 귀한 천이려니" 하고 여기길 잘 한다. 그러나 서울 동대문 시장 안에서 옷감을 파는 이들의 얘기에 귀기울여 보니 요새도 전라도를 비롯해서 삼을 길러 길쌈하여 대처에 내다 파는 마을이 드물지 않다. 그래서 주단집에는 이름난 안동포는 물론이거니와 순창포, 보성포, "남마"라 부르는 남해베, 울진포 따위로 온 나라의 이곳 저곳에서 들어와 생산지에 따라 이름 붙은 베 옷감이 적잖이 갖추어져 있다.

값은 으뜸으로 치는 안동포가 반 미터 한자에 사천원이고 그 아래로 천원짜리까지 질에 따라 값이 매겨져 있다. 유난히 크지도 작지도 않은 남자가 고의 적삼에 조끼까지 갖추어 지으려면 서른자 안팎을 뜨면 되고 조끼없이 고의 적삼만 지으려면 스물넉자를 뜨면 된다고 한다.

베도 지방에 따라 짜임새와 질감이 조금씩 다르니 이것들이 모이는 서울에서는 부르기도 달리 부른다. 이를테면, 함경북도에서 짜낸 베는 "북포", 경상북도에서 짜낸 베는 "영포", 강원도에서 짜낸 베는 "강포"라 부른다. 또 경상북도 안동에서 짜낸 안동포는 조선 초기부터 지금까지 베로 짠 천으로는 가장 사람들 귀에 익은 천일 것이다.

그런가 하면, 역사적으로 특수한 마을에서 짠 베가 명성을 떨치는 수도 있으니, 이를테면 전라남도 곡성군 석곡면 돌실 마을에서 나는 천은 "돌실나이"라는 이름으로 유명하고, 그 베를 짜는 이가 무형 문화재로 지정되어 있다.

늘 교단에 서는 안씨는 넥타이를 매는 날이 많고 그렇지 않은 날이라 해도 양복 저고리는 꼭 챙겨 입어야 하니 여름날 무더위에 종일 시달린 날은 저녁에 집에 돌아오면 "어디 시원하고 편하디 편한 옷이 없을까?" 할 때가 있다. 그래서 그는 이번 여름 방학에는 베옷 입고 지낼 맘을 먹고 강포 스물다섯자를 끊어서 이 고의 적삼을 지었다.

뿌리깊은 나무에서 펴낸 「한국의 발견」 가운데에 전라남도 편을 보면 베 길쌈을 그 곳 식으로 하는 과정이 이렇게 요약되어 있다. "삼밭에서 기둔 삼은 곧바로 대칼로 출겨(잎과 가지를 쳐내) 비슷한 길이의 것끼리 추려서 '삼굿'에 넣어서 꾸었다(쪘다). 그리고 그 거죽을 벗겨내어 널고, 가리고, 빨고, 도패로 돍고(톺고), 또 널고, 물에 적시고, 째고, 또 널고, 물에 적시고, 삼고, 사리고, 묶어 달아매고, 다시 물에 적시고, 잣고, '돌곳'에 올려 '실곳'으로 만들고, 잿물에 삶아 '똥' 빼서 쌀 뜨물에 담그고, 또 널고, 돌곳에 걸어내려 사리고, 거슬러 사리고, '곰부레'에 꿰어 날고, '보디'에 꿰어 매면서 도투마리에 감고, 베틀에 앉히면서 잉아에 걸어 짜는 것이 삼 길쌈인데, 모든 과정을 대체로 찬바람이 불기 전에 곧 겨울이 오기 전에 끝냈다." 도시 사람은 머리로 꼽아만 가기도 힘든 이 여러 과정이 일일이 사람의 손이 닿아야만 이루어진다 하니 "길쌈은 배우면 업이 되고 못 배우면 복이 된다"는 안동 사람들의 옛말이 결코 엄살이 아니겠다.

인하 대학교 화공과 교수인 안화승 씨는 방학에 베옷 입고 지낼 맘을 먹고 동대문 시장에서 한자에 이천원씩 주고 강포 스물다섯자를 끊어서 홑으로 박은 고의 적삼을 지었다.

안동포와 강포를 견주어 보면 안동포는 삼을 가장 가늘게 째서 촘촘하게 짠 베로서 결이 모시에 못지 않게 곱다. 이에 견주어 강포는 베 짜기 전에 마전을 많이 해서 색이 엷고 올이 굵직굵직하다. 강포는 안동포만큼 결이 곱지는 않으나 굵은 올로 성기지 않게 짰기 때문에 홑으로 지어도 안이 들여다보일 걱정은 안해도 된다.

강포는 안동포보다 값도 싸고 천도 질겨서 여염집 살림에는 여기저기 만만히 쓰이는 데가 많았다. 한여름에는 집집이 몇필씩 들여다가 고의 적삼은 물론이려니와 이불과 요의 호청도 하고, 베갯잇도 하고, 여자들의 속옷인 고쟁이, 단솟곳, 속속곳 따위도 만들어 입곤

이 저고리는 동정을 모시로 지어 붙박이로 달았고
옷고름 대신에 매듭 단추를 달았으니 통째로 물에
넣고 여느 옷 빨듯이 빨면 된다.

이 천은 굵은 올로 성기지 않게 짠 천이다. 홑으로
지어도 안이 들여다보일 걱정이 적다.

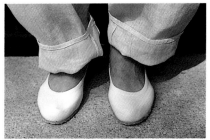

고의 자락을 한두번 걷어 올리고 흰 고무신을
신은 것도 한여름에 집안에서야 큰 흉 될 것이
없겠다.

했다.

세모시를 날올과 씨올이 곧고 빳빳이 서도록 쟁을 쳐서 바지 저고리를 지어도 여름옷으로 좋지만 세모시는 안이 비쳐서 꼭 겹으로 짓거나 속바지를 입어야 하니 베로 지은 홑 바지 저고리보다는 시원하기가 덜하다. 또 요새는 곱다란 천보다는 툭툭하고 투박한 듯한 천의 멋을 찾는 사람이 많다. 그러니 반저 모시 곧 소색을 지닌 모시도 아니고 "빛날약"을 써서 퍼르스름하게 형광빛 도는 모시로 군이 겹 바지 저고리를 지어 입느니 누릇누릇한 베 고의 적삼을 지어 입는 것이 더 편하기도 하고 멋도 있겠다. 여름은 "세련됨"보다는 허술함이 좋아 보이는 철이기도 하니 말이다.

안화승 씨뿐만이 아니라 직장에 매인 사람이라면 누구나 집에 돌아와 종일 목을 옥죄던 넥타이 풀고 양복 벗고, 저녁 나절만이라도 베로 지은 고의 적삼으로 갈아입고 지내 볼 만하다. 방바닥에 돗자리 펴고 방문과 창문을 열어 맞바람이 치는 곳에 누워 책을 뒤적이거나 텔레비전을 보다가 솔솔 부는 바람에 그냥 잠이 들어도 좋다. 자고 일어나 땀 배인 베 고의 적삼을 빨아 널면 여름 햇볕이 저녁까지는 넉넉히 그 옷을 말려 줄 것이니 빨 때마다 노상 풀을 먹이지 않아도 다리미로 쓱쓱 다려 베가 지닌 빳빳한 기운만 살려 저녁에 다시 입을 수 있다. 동정도 모시로 만들어 붙박이로 달았고 옷고름 대신에 매듭 단추를 달았으니 통째로 물에 넣고 여느 옷 빨듯이 빨면 된다.

안화승 씨가 지어 입은 굵은 베 바지 저고리는 이 나라 남자들이 전통적으로 무더운 여름철에 가장 많이 즐겨 입던 "캐주얼 웨어"이다. 두루마기까지 갖춰 입고 격식을 차리는 때가 아니면 전통 속의 이 나라 남자들은 대부분이 이 옷을 입고 무더위를 보냈다. 펑크족의 차림새는 받아들이면서도 이런 전통의 차림은 이제는 촌사람들의 옷으로나 보는 도시인들 틈에 끼지 말자. 바로 그런 덜 된 도시인

베로 지은 고의 적삼을 입고 뒷마루에 걸터 앉으면 베 올 사이에 바람 들고 나는 것이 살갗으로 느껴진다. 반바지에 런닝 셔츠거나 아예 파자마 바람이기 십상인 여름 남자들의 집안 옷차림이 품위로나 시원하기로나 이 고의 적삼을 따를 수 있을까?

들이 이 아름다운 옷의 이름을 훔쳐다가 못난 사람을 일컬어 "바지
저고리"라고 불러 제 얼굴에 침을 뱉어 온 것이다.

반바지에 런닝 셔츠거나 아예 파자마 바람으로 집 울타리 안에서
만 저녁 나절을 보내기 십상인 한여름이다.

이제라도 베 고의 적삼을 한벌 편안히 지어 입고 그 저녁 나절에
골목 산보라도 나서봄이 어떨까?

그렇게 덜 입어서 시원하면서도 그토록 많이 입은 듯 늠름해 보이
는 효과를 내는 여름 남자 옷은 또 없을 것이다. 그토록 예스러워
보는 이의 존경을 받으면서도 그토록 현대 감각에 맞아 서양 패션
디자이너들의 눈여김을 받을 남자 옷도 또 없을 것이다.

여름 한복

초판 1쇄 발행 | 1990년 1월 30일
　　7쇄 발행 | 2021년 10월 22일

글·사진 | 뿌리깊은나무
펴낸이 | 김남석
기획·홍보 | 김민서
편집부 이사 | 김정옥
편집 디자인 | 최은미

발행처 | ㈜대원사
주　　소 | 06342 서울시 강남구 양재대로 55길 37, 302
전　　화 | (02)757-6711, 6717～9
팩시밀리 | (02)775-8043
등록번호 | 제3-191호
홈페이지 | http://www.daewonsa.co.kr

정가 11,000원

Daewonsa Publishing Co., Ltd
Printed in Korea 1990

ISBN | 89-369-0078-1
　　　 978-89-369-0078-6 00590
　　　 978-89-369-0000-7(세트)

빛깔있는 책들